JN257488

ものと人間の文化史 172

酒

吉田　元

法政大学出版局

1　伏見の酒蔵（松本酒造）。大正期の建築であるが，昔の雰囲気をよく残している（筆者撮影）

2　天保期の金沢犀川大橋近くのにぎわい（『金沢城下図屏風』右隻部分，石川県立歴史博物館蔵）

3　住吉の松原，塗盃で酒を飲む。太鼓樽も見える（『住吉物語絵巻』部分，東京国立博物館蔵）

4　寺の宴会に運び込まれる太鼓樽。左手では瓶子から銚子に酒がうつされている（『慕帰絵々詞　巻6』，国立国会図書館ウェブサイトより）

5　大桶つくり（葛飾北斎『富嶽三十六景　尾州不二見原』，東京国立博物館蔵）

ものと人間の文化史　酒◎目次

第一章　はじまりの酒

歴史がはじまって以来、人間と酒とのつきあいはまことに長い。酒などめったに飲む機会がなかった産業化以前の社会に比べれば、現代は酒を飲む機会はふんだんにあり、これほどいつでも手軽に好きな酒を入手できる恵まれた時代はないだろう。

酒は世界のほとんどの地域で飲まれているが、中には酒を知らない、あるいは宗教上の理由から酒をつくらない、飲まない民族も存在する。そもそも人はなぜ酒を飲むのだろうか。

プラス面から言えば、飲酒は世のさまざまなわずらわしい出来事、不安、恐れなどをしばし忘れさせ、気分を高揚させ、人間同士の友情や連帯感を深める効果があると言えるだろう。

最近は、「酔うための酒ではない、食事をおいしくするために落ち着いて味わう酒」だと強調しているメーカーもある。あくまで嗜好飲料の一つとしての扱いである。昨今は酒離れが問題視されているが、他に娯楽も少なかったつい数十年前までの日本の宴会では、飲み方は、まず「酔う」ことを目的にしたまことに荒々しいものだったことを思うと、隔世の感がある。

もちろんアルコールは正常な判断力を失わせる、また依存性などさまざまなマイナス面もあるから、度を過ごした飲酒は、本人のみならず周囲にも大きな害を及ぼすことになる。

さて、「はじまりの酒」とは最初につくられた酒である。酒は人間が定住生活をするようになり、原料を貯蔵できるようになって、はじめてつくられたものだろう。

昔から伝えられている「猿酒」や「雀の酒」といった、伝説領域に属する酒は、実際にはできないものだから除外するとして、はじまりの酒は何を原料に、どのようにしてつくられたのだろうか。

果実の酒

自然界に広く分布しているブドウ糖、果糖などの糖分は、野生酵母によってアルコール発酵を受け、エチルアルコール（以下アルコールと略す）と二酸化炭素が生成する。野生酵母は花などに広く棲息しているので、条件さえうまく合えば、糖分を原料とする酒は比較的簡単につくることができる。

原料の有力な候補としては、まず果実、中でも糖度の高いブドウ、ヤシの花の液、野生ミツバチが集めたハチミツなどが挙げられよう。

野生ブドウは、もともとロシア南部、コーカサス地方の森の縁などに自生していたつる性植物だといわれるが、やがてメソポタミア、エジプトから、古代ローマ帝国の版図拡大とともに、地中海世界一帯に栽培が広まった。現在もヨーロッパ南部の多くの国々は「ワイン圏」に属してい

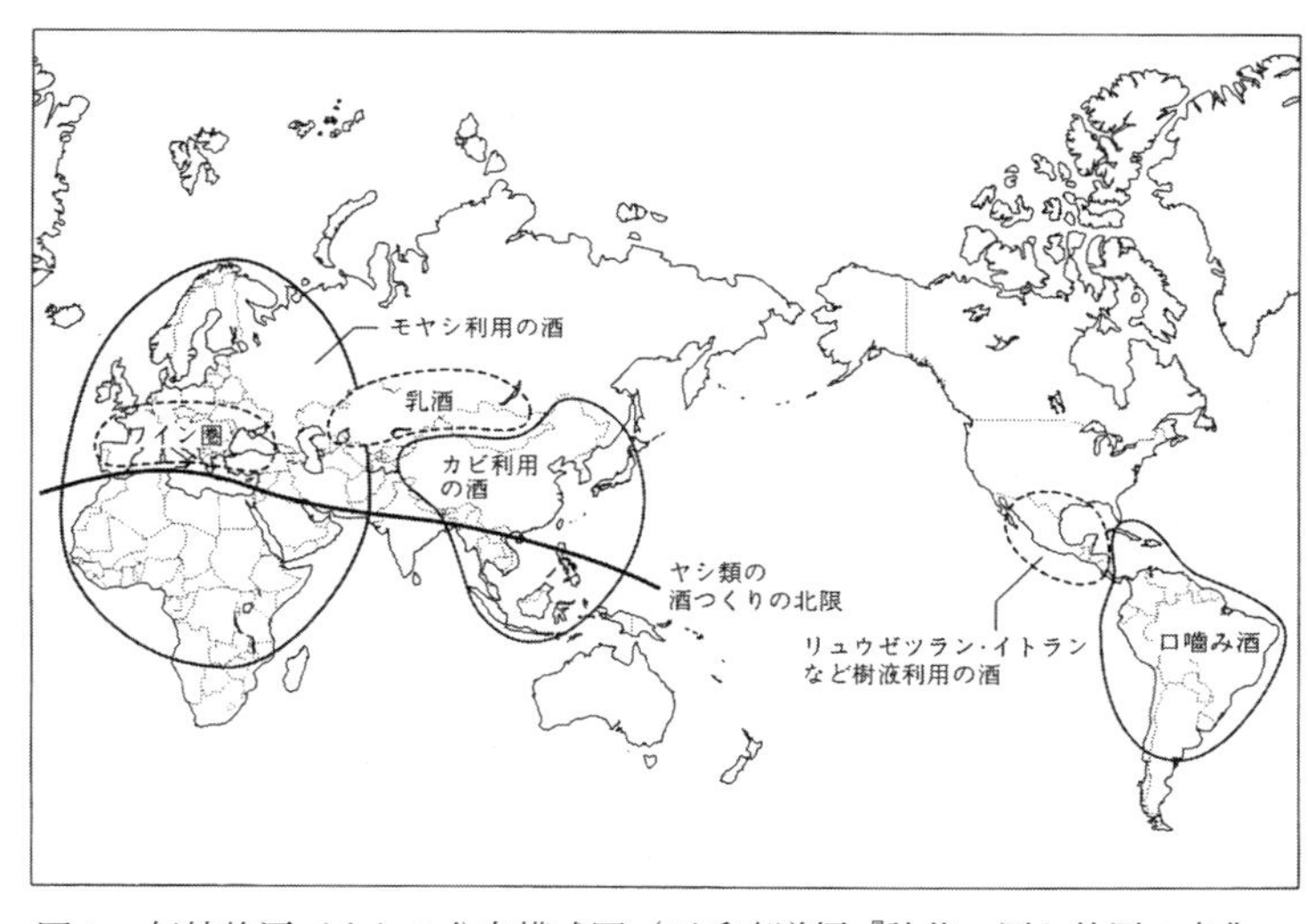

図1　伝統的酒づくりの分布模式図（石毛直道編『論集　酒と飲酒の文化』平凡社，1998年，35頁より）

る（図1）。完熟したブドウ果実の糖度は約二五度に達し、発酵させるとアルコール一二％程度のワインができる。それ以外のリンゴ、ナシなどの果実も、ブドウほど糖度は高くないが、もちろん酒の原料になる。

　コーカサス地方のグルジア共和国では、現在も農家で自家製のワインがつくられている。収穫したブドウ果実を浴槽状の木製容器に入れ、足で踏んでつぶし、果汁を甕に入れて地中に埋め、発酵させてワインにする。甕を地中に埋めるのは、温度を一定の低温に保つためだという[1]。

　一方ミード（mead）とよばれるハチミツ酒は、ブドウの実らない北欧諸国やロシアにおいて古くからつくられてきた。濃いハチミツをベリーなどの果汁で薄め、自然発酵させるとハチミツ酒ができる[2]。

またスリランカなど熱帯の国では、甘いヤシの樹液を原料にしたヤシ酒（トディー）が、現在もつくられている。人間が手を加える必要はほとんどなく、アルコール五―七％程度の濁酒をつくることができる。竹筒、土器などが醸造用の容器であるが、同じ容器をくりかえし使用することで、発酵にかかわる乳酸菌、酵母などの微生物を植え継ぐことができる。[3]

植物性の原料だけではない。遊牧を生業とするアジアの草原地帯では、家畜の乳を原料に「乳酒」がつくられてきた。家畜の乳はあまり甘味が感じられないが、乳糖が含まれており、乳酒はこれをアルコール発酵させた薄い酒である。モンゴルの馬乳酒が一番有名であるが、牛やラクダなど他のほ乳類の乳も利用できる。乳酒は致酔（ちすい）性飲料というより、夏場の健康飲料としての性格がある。

これらはいずれも糖分を原料とした酒であり、偶然の結果によるか、手を加えるにしても、比較的簡単な操作でつくることができる。

でんぷんの酒

次はでんぷんを原料とする酒である。種子、幹、根にでんぷんを含む植物は数多く存在するが、でんぷんを原料とした場合、そのままでは酵母はアルコール発酵はできない。ブドウ糖の分子がつながったでんぷんをまず分解してブドウ糖にする、「糖化」とよばれる化学反応が必ず必要になってくる。糖化を行なう酵素（化学反応の手助けをするタンパク質）を「アミラーゼ」とよぶが、アミラーゼは人間の唾液、穀物のモヤシ、コウジカビなどに含まれる。そこででんぷんを原料にする酒は、以下の三つの方法のいずれかによって、まず糖化を行なう。

口嚙み酒

生、あるいは加熱したでんぷんを口で嚙み、唾液で糖化した後につくる「口嚙み酒」は、かつては世界各地の原始社会においてつくられていた。

日本には北海道アイヌの口嚙み酒があり、また奄美諸島や琉球列島でも、明治時代までつくられていたことが報告されている。南米の一部では、現在もトウモロコシを原料とした「チチャ酒」がある。古代の日本では、酒を「醸す（かもす）」ことを「かむ」と称したが、これも口嚙み酒のなごりだろう。

口嚙み酒は神祭の際につくられたが、いわば人間が酵素製造機になるわけだから、一度に大量につくることはむずかしい。また現代では衛生観念上とても受け入れられない。

明治時代の沖縄石垣島における口嚙み酒については、『八重山生活誌』の著者宮城文による回想がきわめて興味深い。「ミシ」あるいは「嚙ミシ」とよばれた口嚙み酒は、毎年の豊年祭で神に捧げたり、田植えや稲刈りの折の飲料として欠かせない酒だった。

その作り方は、まず硬めに炊いた粳米（うるちまい）と生の粳米粉（カシギ）を用意する。口の中で飯を嚙んでは水槽の水に吐き戻し、カシギも同様に嚙む。一通り嚙んだら、水槽の底に沈んでいる米粒をすくってまた嚙む。嚙んだ原料は石臼でひき、粗い篩（ふるい）で漉し、甕に詰めて蓋をしてから発酵させる。日に三回棒でかきまぜると、三、四日で飲めるようになる。

女たちが三人ずつ一組になって、山盛りの飯を口で噛んでは吐き出すのであるが、長時間続けると歯は疲れ、口は荒れ、顎は痛み、とてもつらい作業だったという。(4)

モヤシ利用の酒

モヤシ、つまり穀物の種子が暗い場所で発芽する際に生成するアミラーゼを使用するでんぷん糖化法もある。こうした糖化法による酒を「穀芽酒」とよぶ。かつてはさまざまな穀芽酒が存在したようだが、中でも大麦種子でつくる大麦麦芽（ばくが）のアミラーゼ活性がもっとも強い。

ブドウの実らないヨーロッパ北部の国々では、大麦を原料とするビールやウイスキーがつくられ、またアフリカでもシコクビエ（四国稗）などの雑穀を原料にする酒がある。乾燥した気候のヨーロッパ、アフリカ、西アジアが、こうした「モヤシ利用の酒」をつくる地域である。

東アジアにもかつてはイネモヤシでつくる酒があったという。しかしイネモヤシのアミラーゼ活性を測定すると、大麦はもちろん小麦と比べてもいちじるしく低く、糖化の次のアルコール発酵の段階にまで反応が進まず、酒ができない。

そこで、温暖湿潤な気候の東アジアでは、イネモヤシに偶然コウジカビが繁殖し、糖化が進み、アルコール発酵して酒ができた、後に人間が米にコウジカビを生やした麴（こうじ）をつくるようになったとする説が出されているが、いささか無理があるのではないかという気もする。

カビ利用の酒

カビのアミラーゼによって糖化を行なうタイプの酒もある。このタイプの酒は、カビの生育に適した気候風土である東アジアのモンスーン地帯において誕生した。日本酒に使われるコウジカビは、稲わら、蒸米などによく生育する。

また東南アジアの一部には、蒸米、シコクビエなどにカビを生やしてでんぷんを糖化させた後、アルコール発酵させる「発酵飯」なるものが存在する。この発酵飯に水や湯を加えてアルコールを抽出し、ストローなどの管を差し込んで吸えば、酒として飲むことができる。日本酒の原型となる酒もおそらくこうしたものだったのだろう。

麦芽や麴など糖化反応で酒づくりをスタートさせるものを「スターター」とよぶが、アジアではスターターにカビを用いてきた。米粒、小麦粉など原料の表面にカビを繁殖させ、アミラーゼによる糖化を行なう麴もそうである。

麴も地域によってちがいがあり、中国では生の小麦粉に水を加えて練り、型枠に入れてレンガ状に固め、その表面にクモノスカビを繁殖させた「餅麴（へいきく）（もちこうじ）」が、一方日本では、蒸した米の表面にコウジカビを繁殖させた「撒麴（さんきく）（ばらこうじ）」が用いられている。

日本酒、味噌、醬油など日本の発酵食品の大部分には撒麴が使用されるが、アジア全域を見れば餅麴が主であり、日本式撒麴は少数派に属している。

ここで穀物表面に生えてくるカビの種類がことなる理由は、かつては気候風土のちがいに起因する

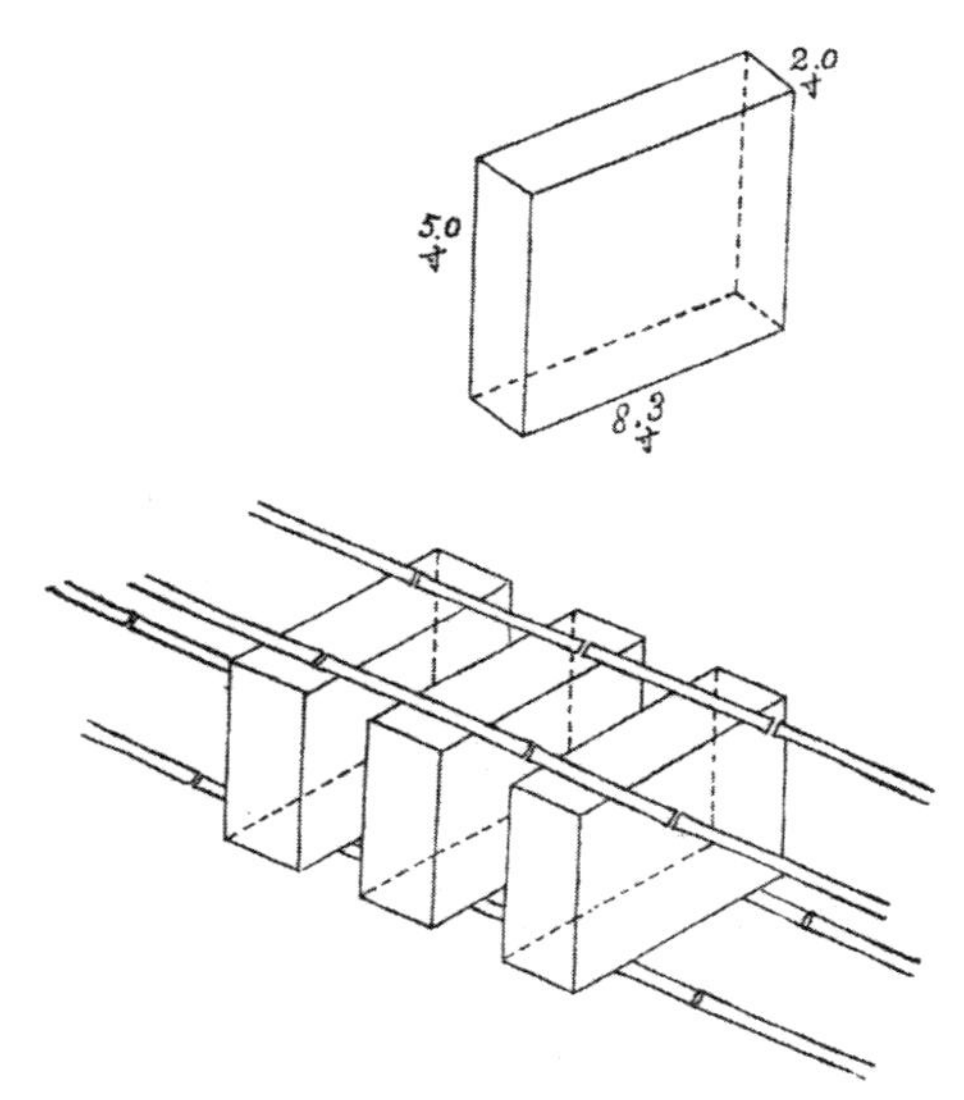

図２　高粱酒の餅麹（『間島産業調査書』統監府臨時間島派出所残務整理所，1911年より）

と説明されていたが、クモノスカビは生の小麦粉に、コウジカビは蒸した米に生えやすい。生の小麦粉を使用すれば日本でも餅麹をつくれることが明らかになっている。

酒の起源論

でんぷん糖化の三つの方法は、酒づくりの歴史上どのように進化、分化してきたのだろうか。日本酒の歴史を考える上で、きわめて重要な課題であることは間違いないし、すでに多くの研究者がさまざまな仮説を提示しておられる。

しかしながら政治や経済分野とちがって、技術史の中でも醸造は特に口承に拠っていたため、文献はきわめて少ない。

したがって研究者は現在まで残った数少ない文献をもとにして、自説を主張することになる。

日本酒の技術に関する文献は、平安時代の『延喜式』（九二七）以降は一六世紀半ばの興福寺の僧侶が書き継いだ『多聞院日記』までほとんどない。また中国酒の場合は、六世紀北魏の『斉民要術』か、一二世紀北宋の『北山酒経』（一一一七）ということになる。しかし前者は現在の華北山東省における農業技術書、後者は浙江省の地方酒屋における記録である。この二書をもとにして、幅も奥行も膨大な中国酒の世界をすべて語り尽くすことなどとても無理な話である。また文献資料といえども、著者が直接見て記録したものとは限らない。現場の記録そのものではないから、その正確さには限界がある。時代も地域も遠く離れた小さな点でしかない酒造文献を事細かに分析し、これに民族学的な知見をつけ加えたとしても、特定の場所でのみ観察された事実であり、普遍性を持たせることはむずかしい。

ある仮説がどの程度正しいのか、実験科学のように追試、検証してみることはできない。すぐに消費されてなくなる酒の歴史研究は、機械、建築など、現在まで物が残っている分野とは違う。慎重な学者なら起源論に踏み込むことの危険性はよく理解していると思う。

したがって本書では酒づくりの起源に関する議論にあまり深く立ち入ることは避けて、酒づくりの原料と酒の特質について検討し、日本におけるさまざまな酒の事例を挙げる。これにより、酒の進化や発展の道筋を考えるヒントになればと思う。

日本列島でつくられてきた酒

日本列島においては酒はほとんどが米を原料としてつくられてきた。米以外の原料を用いる酒がなぜあまり普及しなかったのか、検討を加えておく必要があるだろう。

果実酒

まず果実酒であるが、果実はブドウ、イチゴなど柔らかい「液果」とトチ、クルミなど堅い「堅果」に分けられる。液果の中ではブドウがもっとも酒になる可能性が高い。

液果酒の代表的な原料、ブドウ（ヨーロッパブドウ　学名 *Vitis vinifera*）は日本でも鎌倉時代から栽培されていたと伝えられ、また山野にはヤマブドウ（学名 *Vitis coignetiae*）やエビヅル（学名 *Vitis ficifolia*）など近縁の植物も広く自生している。しかし江戸時代から名産だった山梨勝沼のブドウも、用途はほとんどが生食用であり、ヨーロッパのような本格的ワインはとうとう誕生しなかった。

その理由として、温暖多雨の風土に育つ日本産のブドウは酸っぱくて糖度が低くなりがちであり、発酵の過程で「補糖」（糖を添加すること）をしなければ、満足できるワインにはならなかったことが挙げられる。

本格的な「ワイン」ではなく、リキュール（混成酒）としての「葡萄酒」ならいくつか事例がある。

江戸時代元禄期にはさまざまな薬酒づくりが流行したようである。食の百科事典とも言うべき人見必大（ひとみひつだい）（一六四二?―一七〇一）著『本朝食鑑』（一六九七）[5]に葡萄酒のつくり方が紹介されている。ブドウの皮を取り去って、汁と皮を合わせ磁器に盛り、一夜置く。翌日汁を炭火で沸かしてから冷やし、三年物の諸白（もろはく）酒（上質の日本酒）と氷砂糖を加えて甕に入れると、一五日くらいで赤ワインに似た酒ができる。年を経たものは蜜のように濃い紫色で、味はオランダのチンタに似ているとある。原料はエビヅル、ヤマブドウである。

この場合はブドウの果汁をアルコール発酵させず色素を抽出、着色しているので、酒も「リキュール」とよぶべきものである。

また戯作者の十返舎一九（じっぺんしゃいっく）（一七六五―一八三一）が著した『手造酒法』（一八一三）にも、「葡萄酒」と「山ぶどう酒」がある。[6]これも家庭でつくる果実酒である。葡萄酒の方は焼酎と生酒に白砂糖、ブドウの実、竜眼肉（種子）を加える。山ぶどう酒は、焼酎、麹、糯米、ブドウでつくり、強飯、麹、ブドウを重ねて揉み合わせる。中国や朝鮮の葡萄酒も麹や砂糖を加えるが、おそらく果汁のみでは糖分が足りないので、甘味を増すために、また習慣として酒づくりの際は麹を加えたのである。

しかしブドウ以外の野生果実となると、さらに糖度は低くなるため、酒になる可能性は低いだろう。国税庁醸造試験所の原昌道らによって、かつてガマズミ（学名 *Viburnum dilatatum*）酒の再現実験が行なわれた。ガマズミは日本の山野に広く分布するスイカズラ科のかん木で、秋になると赤い実をたくさんつける。そうしたことから実験材料に選ばれたと思われる。

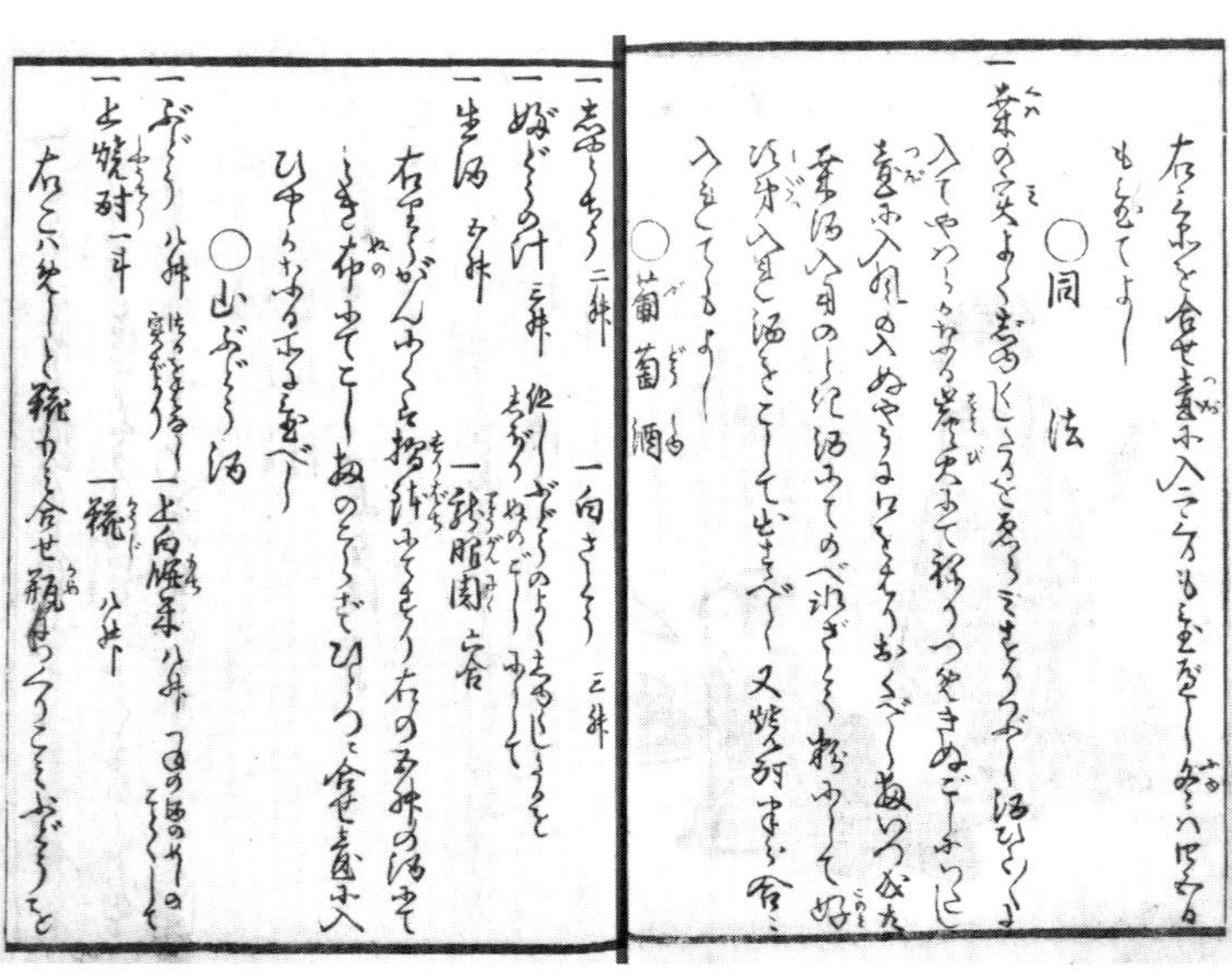

図３　文化10年（1813）刊行の十返舎一九著『手造酒法』（国立国会図書館ウェブサイトより）

果皮ごと仕込み、二五度で一五日間発酵させると、アルコールを八・八％含む赤ワイン様の酒ができた。しかし発酵前の果汁はpH二・九五で、ブドウ果汁の三、四倍ものリンゴ酸を含んでおり、一方糖は六・二％にすぎない。そこでブドウ糖を加え（補糖）、糖度を一六％にしてから発酵させたものである[7]。糖を加えなければ、アルコール度数はさらに低く、ひどく酸っぱい酒しかできないと思われる。

堅果酒とは、いわゆる木の実の酒である。クリ、トチなど、日本の山野に広く自生している堅果類のでんぷんも、酒づくりの原料になりうる。ただし、でんぷんだから、酒にするためにはまず糖化が必要となる。しかしクリやトチの場合、まず渋味の強いタンニンを除去する手間があり、古代の人が酒にした可能性は低いと言うべきだろう。

イモ酒

イモ類の酒はどうだろうか。イモは穀物の種子に比べて水分含量が高く、かさばるという欠点がある。そこで腐敗を防ぎ、長期間貯蔵するには、スライス状にして乾燥させるか、精製してでんぷん粉末にしなければならない。また穀物類のように固い種子が後まで残らないから、もしイモ酒が存在したとしてもその証拠を捜すことはむずかしい。

有史以前に熱帯から入ってきて温帯種化したサトイモ、ヤマノイモなどを原料にした醸造酒はほとんど見当らない。その理由は、アルコール度数が低く腐りやすい醸造酒にするくらいなら、蒸留してしまう方が安全だからだろう。一七世紀以降に渡来した新世界産のサツマイモやジャガイモは、日本でも現在焼酎原料として広く用いられている。

しかし濁酒の「イモ酒」は、日本でもごく一部の地域に存在していた。第七章において事例を挙げる。

麦酒

麦を原料にした日本の酒は「ビール」とよぶべきものではなく、「麦酒（むぎざけ）」がふさわしい。麦が日本列島に渡来したのはかなり古いことで、大麦、小麦の順だった。『古事記』（七一二）、『日本書紀』（七二〇）にも、米とならんでその起源に関する伝説が記載されている。

米の裏作として栽培可能な麦は、端境期の食料としてきわめて貴重だったが、米作ほど普及しなかった。奈良時代、政府はたびたび麦の栽培を奨励しているが、農民は青刈りの麦を馬の飼料として売ってしまうなど、あまり効果はなかった。それは麦が調理するのにきわめて手間のかかる穀物だったからである。

大麦の種子には穎、あるいは「のぎ」とよばれる細かい毛が密生しており、調理前に表面を焼くなどしてこれを取り除く必要がある。のぎがない裸麦は日本独自の品種であるが、加工しやすく、主に西日本の麦作地帯で栽培される。麦種子の胚乳は全体が硬い殻に包まれており、その間にはさまざまな充塡物質がある。外側から順に果皮、ついで種皮、その中にアリューロンとよばれる糊粉層、でんぷんが含まれる。

米は外皮をはがすとその下の糠層を簡単に取り去ることができ、また胚乳のでんぷんはガラスのように硬いので、飯に炊くなど「粒食」に向く。一方大麦は米に比べ粒食しにくく、加工に手間がかかる。そのため日本以外の国々では家畜の飼料、ビール、ウイスキーの原料にされている。

小麦についても同様で、さらに粒食には適さない。穀粒をまず石臼で引きつぶして小麦粉とふすまに分離し、その後粉を加熱調理する「粉食」に向いている。

こうした調理特性を考えると、大麦や小麦を原料とした酒が日本で未発達であった理由が納得できる。実際農文協（農山漁村文化協会）が行なった日本各地での聞き取り調査によっても、麦酒の事例はきわめて少ない。

滋賀県甲賀市水口町牛飼の総社神社で毎年七月一七、八日の両日行なわれる「麦酒祭り」では麦酒が供される。室町時代嘉吉元年（一四四一）、本殿修理の竣工祭に新麦でつくった麦酒を供えたのがそのはじまりと伝えられる。一七日早朝に谷川の水を汲み、大麦を浸漬してから蒸す。これに市販の米麴を加えて混ぜ、水を加えて攪拌、発酵させる。その晩には泡が立つ。翌日この麦酒を直会でいただくが、この段階でもアルコール分はほとんどなく、甘酒に近い程度の飲料である。麦を収穫し終えたこの時期に五穀豊穣、病魔退散を祈念して慰労の意味で麦酒をつくったものと思われる。現在では麦は丸麦ではなく市販の押麦が、麴も米麴が使われているが、丸麦にコウジカビを生やすのはむずかしいからとされる。日本におけるビールのさきがけと宣伝されたこともあるが、まったくちがう酒である。(8)

現・香川県高松市塩江町のどぶろくは、麴まですべて麦を使用したためずらしい麦酒の例である。まず裸麦五合にたっぷりの水を加え、とろとろの粥になるまで炊く。湯でうすめ、裸麦の麴を加えて砕き込み、混ぜ合わせる。夏なら一晩、冬でも二、三日保温すると発酵し、麦粒が浮き上がる。色は黒いがまったりとした甘酒になる。時々攪拌しておけば、やがてアルコールの辛味が出てきて、どぶろくになる。(9)

民俗学者の宮本常一が昭和一六年（一九四一）、トカラ列島の宝島を訪れた折にはまだ麦酒がつくられていた。宝島では旧暦四月に大麦の収穫が終わった後に麦の祭を行なっていた。火の神に捧げる膳には麦酒の他、麦のシトギ、麦の穂、麦粒を置いた。「オゴス」とよばれる麦酒は、麦麴を立ててつくる酒であり、搾らず醪（もろみ）のまま椀に入れて飲んだ[10]。

宮本によると、西日本の農村では味噌や醬油をつくるのに用いる麦麴が余った際には壺に入れ、水を加えて四、五日発酵させて酸っぱくならないうちに飲んだものだという。アルコール度数は低く、米からつくる「男酒」に対して麦酒を「女酒」とよんだという。

さらに南の琉球列島でも、かつては麦の収穫感謝祭に麦を原料とする神酒がつくられていたが、これも現在ではまったく廃れてしまった。

かつて日本でつくられていた麦酒の数少ない事例を挙げたが、麦酒はアルコール度数が低く、本格的な酔いを求めるような酒ではない。夏場に麦飯が余った時、腐敗を防ぐために、あるいは大麦の収穫感謝儀礼用としてわずかな量がつくられたにすぎない。

大麦が米のように酒の原料として広く用いられない理由は、その調理特性からも理解できる。すなわち、米のように脱穀、精白が簡単ではない。麦粒表面の糊粉層が粘って取扱いにくい。麴によってでんぷん糖化する場合、ひき割りにするか加熱しなければ、コウジカビの菌糸は内部まで入らず、糖化しにくい。そのため香川の麦酒はあらかじめ水をたっぷり加えてやわらかい麦粥をつくっている。

大麦を原料とし、世界中で広く生産されているビールと、日本式麦酒とを比較してみよう。ビールではまず大麦を水に浸漬し、発芽させて麦芽にする。発芽に際してプロテアーゼの働きにより麦粒でんぷんの表面を覆っているタンパク質が分解される。含窒素成分のかなりの部分がプロテアーゼによって分解されるので、生じるアミノ酸がビールの呈味成分として働く。発芽によって生成するアミラーゼは、この段階ではでんぷんの分解を起こさない。

次に麦芽を粉砕し、水を加えた麦芽汁の段階になってでんぷん糖化が進行する。麦芽汁の糖度は一六%近くに達し、味わってみてもきわめて甘い。麦芽汁は均一な液体だから、菌糸がなかなか麦粒内部にまで「破精（はぜ）込」めない麹菌による糖化に比べて能率がよい。糖化終了後に酵母を加えてアルコール発酵を行なわせるが、時間の経過と共に麦汁の甘味が消え、アルコールと二酸化炭素が生成する。

この点、固体の麦粒と、液体の水が不均一な状態で混じりあっている日本式麦酒づくりは条件が不利である。結局麹による糖化法は、麦という扱いにくい穀物原料には適していないと言える。それが麦発酵食品の製造に当たって一部米麹を用いたり、ひき割り麦や押麦に加工してから用いることになったものと思われる。加工用の石臼や機械類が少なかった昔の農村ではそれは困難なことで、麦酒が米の酒ほど普及しなかった理由であると考えられる。

雑穀酒

米、麦以外の粟（あわ）、稗（ひえ）、黍（きび）、トウモロコシ、コーリャンなどのイネ科穀物を雑穀という。英語ではさまざまな雑穀をまとめてミレット（millet）とよぶが、アフリカから西アジアにかけては、雑穀を主食とする地域がかなりある。このうちアフリカ原産のシコクビエは、現在でもネパールでは酒づくりの主原料として使用されているが、日本では水田の雑草として嫌われ、駆除されている。
また中国東北部では、山東省から伝わった粟を原料にした軽い酒が現在も商業的規模でつくられている。乾燥に強い粟は、温暖な沖縄などで、一方稗は東北地方の北部や信州の山間部など、米づくりのむずかしい寒冷、湿潤な地域において、米と共にまたは救荒作物として栽培されてきた。かつて沖縄には粟の農耕儀礼があり、粟を用いた神酒もつくられていて、粟の神酒に関する民俗学的研究もある。また北海道アイヌの間では、かつて粟または稗を原料とする酒がつくられていたが、現在では廃れた。粟と稗の酒も、事例はあまり多くない。

農文協は北海道静内と阿寒でアイヌの稗酒について聞き取り調査を行なったことがある。それによるとかつては祭の際に必ず「トノト（酒）」をつくっていた。原料は稗、仕込み容器は「行器」（蓋付の漆塗り容器）である。稗を炊いて粥にし、同量の「カムタチ（麹）」とよく混ぜ合わせる。蓋をし、ござで囲って保温し、一週間から一〇日間発酵させる。醪はざるで漉す[11]。

稗を原料にするが麹は米であり、和人から麹が入手できるようになってからつくられた酒かもしれない。

越後塩沢の人、鈴木牧之（一七七〇―一八四二）は雪国の生活を描いた『北越雪譜』（一八三七）の著者として有名であるが、文政一一年（一八二八）九月、苗場山の北側にある秘境秋山郷を訪れて、『秋山記行』を著わした。

上結東という集落において鈴木牧之が翁から聞いた話である。この地で米はできず、主食は粟か稗であったが、近年は粟酒を手づくりするようになった。里から麹を買ってつくる。米の酒より漉すに早く、里の酒のように酔わぬから、仕事もできると翁が自慢した。[12]

この集落でも米麹が入手できるようになってから、粟酒がつくられたものと思われる。粟酒の醪は米とちがって粘度が低く、たしかに漉すのは早いし、簡単に清酒を得ることができる。またアルコール度数が低いのが特徴である。

太平洋戦争直前の昭和一五年（一九四〇）になると、原料米不足を補うために代用原料として、北海道産ジャガイモデンプン、栃木県産稗、トウモロコシで酒を醸造する試験が柴田主税らによって行なわれた。その結果は、トウモロコシは見込みがないが、デンプン、稗は成績がよく、稗は代用原料として米の三割程度までは加えることが可能というものであった。[13]

粟や稗などの雑穀は、穀粒が小さくて脱穀、調理が面倒であるから、米が入手困難な場合に限って、酒の原料とされたようである。一粒の種子から大きく成長し、穀粒が大きく取扱いが容易なのはトウモロコシであるが、食用として本格的に栽培されるのは、明治以降である。

こうして一つずつ酒の原料を検討してくると、日本では酒造原料は、やはり米に収斂せざるをえないのである。

米の酒

熱帯原産の野生イネは、川べり、沼沢地などの低湿地を好む植物である。一方作物としてのイネは、ふつう温暖な気候の下、灌漑された水田で栽培される。米作は多くの人口を扶養することができるし、何よりも米飯はおいしく、食べ飽きることがない主食である。イネの生育にはあまり適さず、たびたび冷害に襲われた東北地方の北部や北海道でも米作が普及したのは、やはり米を食べたいという日本人の欲求からであろう。

日本列島で水田稲作が普及する以前には、東南アジアの山間部同様、焼畑で陸稲（りくとう）（おかぼ）やサトイモを栽培する焼畑農耕が広がっていた可能性があるし、当然陸稲を原料とした酒も考えられる。またサトイモ酒の存在も考えられないわけではないが、前述のようにイモは遺物として残らないので証拠がない。

麦粒は外側が硬く内側が柔らかいので、まず石臼で引きつぶして粉にする必要がある。調理法もパン、麺などの粉食である。

一方米は磨（す）り臼を使用すれば脱穀はきわめて容易であり、硬い胚乳部が玄米として得られる。玄米の米粒同士をこすり合わせることで外側の糠は除去され、精白米が得られる。生米は硬いが、蒸せば簡単に柔らかくなり、米飯として粒食が可能である。

米でんぷんの糖化に用いるコウジカビは、蒸した米粒上に好んで増殖するから、麹は「餅麹」よりも「撒麹」が適している。日本の麹にコウジカビが使用される理由を気候風土にのみ帰する意見もあるが、もし生の小麦穀粒を麹に使用すれば、クモノスカビが増殖してくる。

しかし米を原料とする酒の醪は、粟などとちがってきわめて粘度が高く、笊でさっと漉すというわけには行かず、結構手間がかかる。

これまでさまざまな原料について検討してきたが、米を原料とし、醸造方法を改良することで、アルコール度数がきわめて高い酒をつくることができるようになった。米を用いる酒づくりは、稲作の伝来と共に日本列島にもたらされ、やがて日本における酒造原料は、ほぼ米に一本化された。米は「酔うために飲む酒」という日本酒の性格を形作ってきたと言える。

奄美のミキ

奄美諸島の「ミキ（神酒）」をアルコール含有飲料として酒の範ちゅうに入れてよいものか、やや疑問も残るが、きわめてユニークで興味深い飲み物であることは間違いない。かつては奄美諸島の祭祀の折に民家で広くつくられていたミキは、現在では清涼飲料水の一種として、紙パック入りのものが餅屋で市販されている。

つくり方は、米、生のサツマイモ、砂糖を原料に、米をとろ火で長時間炊き上げる。ラベルには「自然のまま発酵させてつくるので、日が経つにつれておいしくなる」と説明されている。味は甘い餅のジュースといった感じであり、また乳酸発酵が進むためか、日が経つにつれ酸味が増してくる。

隣の沖縄県でも缶入りミキが市販されているが、こちらは米を原料に麦と乳酸が加えられ、乳酸発酵はさせていないようだ。

ミキとはもともと神に捧げる神酒のことで、奄美大島では旧暦六月下旬の「アラホバナ」(稲の初穂の祭)、一一月上旬の「フユウンメ」(サトイモ、ヤマイモなどの収穫祭)などの折に、各集落でつくられてきた。

一九世紀半ばの奄美について記した名越左源太(一八二〇—一八八一)の『南島雑話』(一八五五)には、当時のミキの製法がくわしく述べられている。[14]

糯米をよく精白して水で湿らせ、十分ふくらんだら臼の中でこまかく搗き砕く。大鍋に湯を沸かし、煮え上がったら火から下し、泡の消えた時に粉末にした糯米をかきまぜ入れる。一部の糯米を取っておき、サツマイモをおろし金で摺ってから等量まぜ、鍋の中身が大体冷えた頃に米一升につき一すくいの割合で入れてまたかきまぜ、壺や桶などの容器に移し、芭蕉の葉で口を覆っておけば、翌日にはおいしく飲むことができる。サツマイモと混ぜた糯米は、鍋の内容物を冷やしてから加えるとなおよいが、一日遅く翌々日にできるという。サツマイモを入れる際ムヤシ(麦芽)を加えると味がはなはだよくなる。

民俗学者の小野重朗は、名瀬の大熊(現・奄美市大熊)で観察したミキつくりについて報告しているが、基本的には『南島雑話』のそれと大きく違わない。[15]祭の前に各戸から集めたうるち米を製粉機で粉末にして大鍋で炊き、生のサツマイモを摺り下ろして米粉とまぜてピンポン玉よりも大きいくらいの団子(ナマガン)を用意する。冷ました粥にこのナマガンを放り込んででんぷん糖化を行なわせると、やがて粘度が急激に低下して液状になる。瓶に入れ、芭蕉の葉で蓋をし、翌日の祭に皆でいただく。

ミキもかつては祭の前々日につくる「三日ミシャク」が主だったが、発酵が進み過ぎるのを避けるため、現在では前日につくる「二日ミシャク」が主流で、また粥に白砂糖を加えることもある。加計呂麻島の一部には、「ヒゲリミシャク」と称して米の粉に水を加えただけの簡易型ミシャクもある。

奄美大島の瀬戸内町では、旧暦九月九日のミキにはシイを加える「シーミキ」がつくられていた。茹でて乾燥したシイの実の皮を取り除き、水を少しずつ加えながら石臼で搗く。生のサツマイモを砕いて加え、さらに砂糖も入れた。ミキ二升あたり砂糖一斤、サツマイモ二斤（一斤は約六〇〇g）の割合で、三日間発酵させたものを「ミキャミキ（三日ミキ）」と称した。奄美の山に豊富に自生するシイの実を用いた例である。

喜界島では粟粉、サツマイモ、黒砂糖を混ぜて搗き、熱湯をかけて一晩置き、発酵させる。沖永良部島では「ミショー」と呼び、米またはサツマイモで粥を炊き、攪拌して冷やしてから麦芽を混ぜ、さらに生米または生サツマイモを加えて一夜発酵させてから飲む。甘味を補うためにさらに砂糖も加えた。

かつてミキには米粉、サツマイモ、粟粉、シイの実など、入手可能なさまざまなでんぷん原料が使用されていたが、現在では祭でミキがつくられるのは、奄美大島と加計呂麻島などごく一部となってしまった。

生のサツマイモに含まれるアミラーゼを用いてでんぷん糖化を行なうミキは、きわめて特異な飲料として民俗学者に注目されてきた。小野はミキを、口嚙みの酒（第一の酒）、麦芽の酒（第二の酒）、カビの酒（第三の酒）のいずれにも該当しない「第四の酒」と名付けた[16]。しかし奄美諸島で今のようなミキがつくられるようになったのは、サツマイモが渡来した一七世紀以降の、比較的新しい時代のことと思われる。

名前は「神酒」でも、実際にはミキにアルコールはほとんど含まれていない。また二酸化炭素を発生させるのは酵母ではなく、細菌類らしいとの指摘もある。

酒造技術の歴史にミキをどのように位置づけるか、ややむずかしいところである。稲作が伝播する前、奄美諸島で栽培されていた作物は、サトイモ、ヤマノイモなど熱帯原産のイモ類だったが、やがて米、大麦、小麦などの穀物が栽培されるようになり、近世以降はサツマイモが主食となったので、生サツマイモが持つ糖化力を見出してミキに用いたのであろう。

沖縄県のミキに関する詳細な実態調査を行なった平敷令治によると、沖縄では口嚙み酒をつくる習慣は明治維新後急速にすたれたという[17]。それに代わるものとして、生の米粉や飯を原料に、米粉や麦粉をふりかけるタイプのミキがつくられるようになった。特に太平洋戦争後大麦の栽培をやめた地域でこうした傾向が見られる。また沖縄では麴で糖化するミキは主流とはならなかった。

ミキはもともと口嚙み酒だったが、やがて人間の唾液のかわりに麦芽、次いで生サツマイモが糖化剤として使用されるようになったと思われる。しかし、この地域の酒づくりで麴がいつ頃から用いられはじめたのかは、はっきりしない。

かつて麦芽を砕いて加えるミキが奄美大島や沖永良部島にあり、また麦芽を砕いて生の米粉といっしょに練った団子（餅麹）の表面にコウジカビを生やしてつくる白酒に似た飲物が沖縄にあった。この地域では、麦芽による糖化と生サツマイモによる糖化がかなり後まで共存していたことをうかがわせる。

日本酒づくりの技術

ここで日本酒づくりの技術について、基本的なことがらを少し述べておくことにしよう。前述のように日本では、酒の原料はほとんどの場合、米である。その他の穀物については、大麦は麦麹づくりがむずかしかったためか、麦酒はごく一部の地方で祭礼用に用いた例があるだけであり、また粟や稗など雑穀も北海道アイヌの酒など事例が少ない。

米は主食となる穀物である。飯として食べればもちろんおいしいし、餅や煎餅などの加工用原料にもなる。日本で米が酒の主原料となった理由は、蒸した米粒はコウジカビを生育させるのがきわめて容易であり、またアルコール度数の高い強い酒をつくるのに適しているからである。日本酒は蒸留しない醸造酒の中では、アルコール度数約二〇度と世界でもっとも高い。

酒づくりは目に見えない微生物の働きを利用するものだが、そのことを理解していなかった古代や中世の人々にとっては、二酸化炭素の泡が激しく吹き上がって、醪が湧き、やがてアルコールの辛味が加わって酒になる現象は、まことに神秘的であり、神の業と思えたことだろう。人間が力を尽くしても、失敗することもまた多かった。

それが昔から、酒蔵には酒神松尾大社の神を祀り、無事に酒ができるように祈り、また酒がうまくできたことを神に感謝するさまざまな祭がある所以である。

現在の日本酒は、図4のような非常に複雑な工程を経てつくられている。はじめての者にはなかなか理解しづらいが、その基本は、昔から「一麹（いちこうじ）、二酛（にもと）、三造（さんつく）り」といわれる。麹づくり、酛づくり、そして醪（もろみ）の順で、重要だという意味である。

酵母が大事であるが、でんぷんそのままではアルコール発酵ができない。まず蒸米にコウジカビを生やした麹のアミラーゼによって、米でんぷんをブドウ糖へと分解させる必要がある。これを「糖化反応」とよぶ。

第二段階の「酛（もと）」とは、文字通り「酉（さけ）」づくりの「元」である。糖化作用に続いて、他の雑菌が増殖しないようにして、アルコール発酵を担う酵母だけを安定的に増殖させる。

こうして酛ができ、酵母が安定して増殖したら、蒸米、麹、水を何回かに分けて加えていく。これが固体と液体が共存する「醪（もろみ）」であり、この操作を「添（そえ）」、あるいは「掛け」とよぶ。「醪」には固体である蒸米、麹と液体である水が共存するが、微生物培養の規模を大きくし、コウジカビによる糖化、酵母によるアルコール発酵を同時に並行して進める。これを日本酒の「並行複発酵（ふくはっこう）」とよぶが、麹の糖化によって生じた糖は、酵母によって効率よく順次アルコールへと変換されていく。このため日本酒は世界の醸造酒の中でもっとも高いアルコール度数を達成することができたのである。

「寒造り」といって、一年でもっとも寒い季節に酒をつくる技術がほぼ確立されるのは、戦国時代末期から江戸時代初期頃にかけてである。それまでの酒では、酛を安全につくるために「菩提酛」といって、原料米の一部を飯に炊いてまず乳酸発酵させ、乳酸酸性の下で酵母を増殖させる技法がよく用いられた。当時は現在のような寒造り中心ではなく、真夏を除けばほぼ一年中酒をつくっていた。

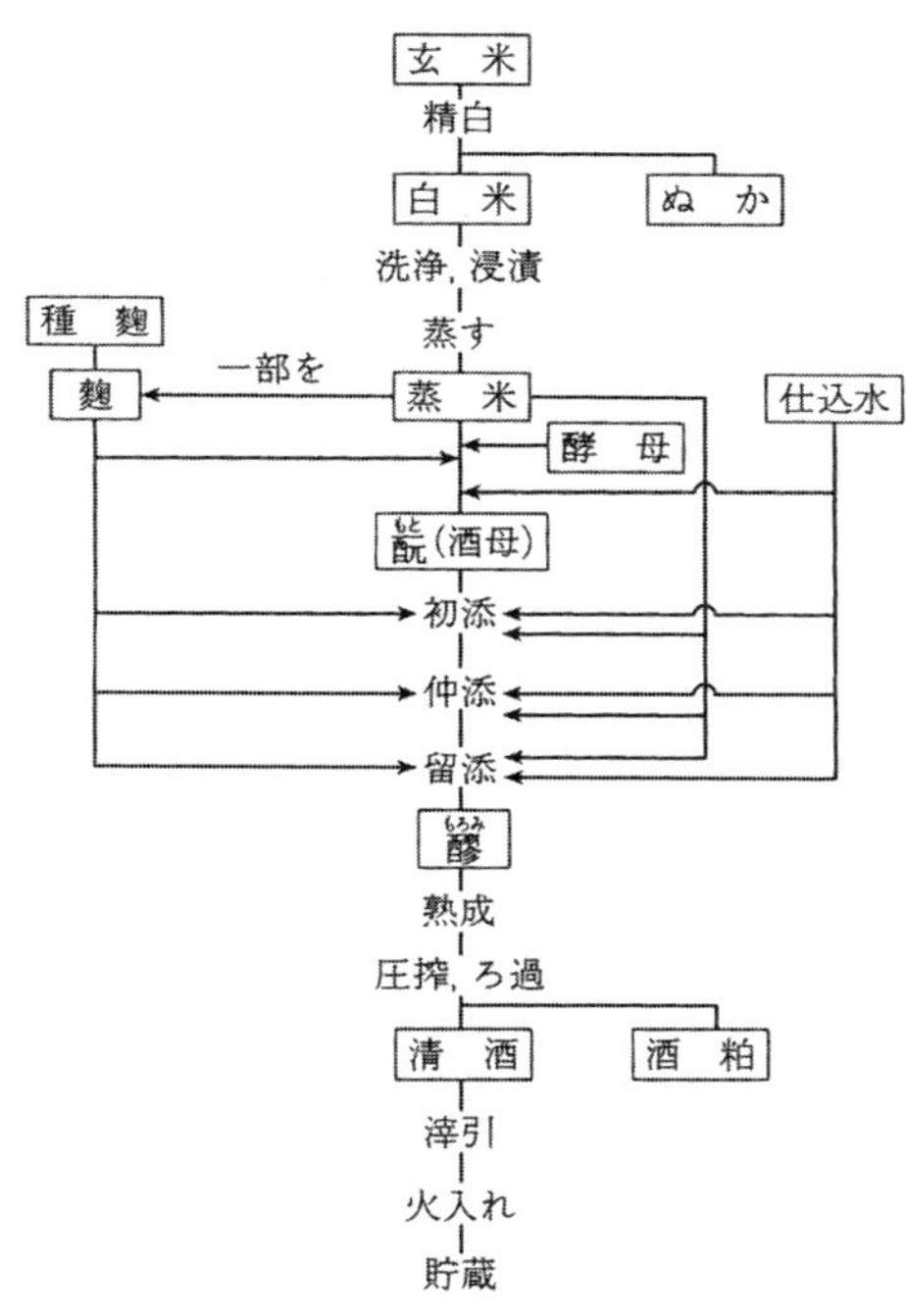

図4　日本酒の製造工程（吉田元『近代日本の酒づくり』岩波書店，2013年，41頁より）

図5　生酛づくり。白鶴酒造資料館にて（筆者撮影）

　寒造りでは、伝統的な「生酛」を用いる。蒸米、麴、水を「半切」とよばれるたらいのような浅い桶の中で櫂ですりつぶし、時間をかけて酵母を増殖させていく（図5）。菩提酛より生酛の方が品質のよい酒をつくることができるが、生酛づくりはきわめて複雑で高度な技法であり、失敗することもまた多かった。明治時代の末になって大蔵省醸造試験所の技師江田鎌治郎が、市販乳酸を酛に加え、乳酸酸性下で酛をつくる「速醸酛」を発明し、それまで腐造に悩まされてきた日本酒も安定した醸造が可能となった。今日ではほとんどの酒が速醸酛によってつくられている。

　古代、中世にはこうした仕組みはまだ知られていなかったから、酛をつくらず、最初から甕や壺に一度に原料を加えてしまう、俗にいう「どぶろく仕込み」の技法がとられている。

一方酒づくりで麹が重要であることは、古代からよく認識されていた。保温された室(むろ)の中で麹をつくる「麹屋」は、大嘗祭ではその都度新たに建てられていた。

第二章　神酒

酒と神

神酒（みき）は神に捧げる酒である。農耕社会においては、穀物が無事収穫できたことを神に感謝し、また翌年の豊穣を祈願する。最初に収穫した初穂（はつぼ）と初穂で醸造した酒を神に捧げることは、稲に限らず麦、雑穀などを栽培する世界各地の農耕民族が行なってきた儀式である。

日本の場合、稲の初穂で飯を炊き、米の酒を醸造したが、これらを捧げる対象は農耕の神や水の神である。神道の儀式は、まず供え物を神に捧げる「神祭（かみまつり）」、次に神と人間との共食である「直会（なおらい）」、最後に参列者の宴会である「饗宴（きょうえん）」の順序で行なわれる。現在は神祭としての酒づくりが行なわれることはほとんどなくなって市販酒が用いられるし、本来神と人との共食であった直会も、饗宴と一体化している例が多い。

俗に「お神酒あがらぬ神はない」と言うが、今でも神酒をつくっているいくつかの神社について、その由来と現状を見てみよう。

伊勢神宮

伊勢神宮の祭神は、内宮が太陽神である天照大神、外宮が豊受大神である。この豊受大神は御食津神とよばれ、天照大神の食事を司るために丹後国から勧請された女神である。そのため豊受大神は、衣食住をはじめあらゆる産業の守り神とされている。

天照大神の食事である神饌は、外宮の忌火屋殿において、毎朝清浄な火（忌火）を用いて調理され、内宮まで運ばれる。内宮には、稲を納める御稲御倉、忌火屋殿、酒をつくる御酒殿がある。

伊勢神宮には多くの祭があるが、六月と一二月の月次祭、一〇月の神嘗祭の際には、白酒、黒酒、

図６　伊勢神宮外宮。御酒殿もみえる（『伊勢参宮名所図会』1797年より）

醴酒（れいしゅ）、清酒が供えられる。特に神嘗祭においては、神職が外宮忌火屋殿で醸造した酒を用いる。

白酒をつくる役は、酒作物忌（さかつくりのものいみ）、黒酒をつくるのは、清酒作物忌（きよさけつくりのものいみ）とよばれ、いずれも神に奉仕する少女であるが、物忌には父親が付き添う。

六月一五日の月次祭には神酒用に米一〇石が用意される。

一〇月一五日の神嘗祭においては、神饌と共に神酒が供えられる。他の神社でもそうなってきているが、神酒が醸造されるのは今日では月次祭と神嘗祭のみであり、その他の祭では市販酒が使用されている。

原本成立が延暦二三年（八〇四）の『皇太神宮儀式帳』には、神嘗祭供奉行事の項に、

畢亦酒作物忌乃白酒（シラシノミキ）作奉清酒作物忌作奉
黒酒（クロシノミキ）幷二色御酒毛太御饌ニ相副供奉

とあり、酒作物忌が白酒を、清酒作物忌が黒酒と醴酒、清酒をつくっていたことがわかる。[1][2]
また同夜の直会瀧祭においては、新稲の飯と酒が供される。

春日大社

奈良春日大社の創建は神護景雲二年（七六八）とされている。祭神は武甕槌命、経津主命、天児屋根命、比売神とされる。

毎年三月一三日の春日祭には、葵祭や石清水祭と同様に天皇の勅使が派遣されている。春日祭において他の神饌と共に供えられる酒は、即製酒で濁酒の「一宿酒」と、これよりも時間をかけて醸造される清酒の「社醸酒」であり、平安時代以来の伝統が受け継がれている。神職が神饌をいただく「午の御酒式」では、酒を入れる土器四枚を折敷に載せて運び、最初の一献の酒は地神への捧げものとして大地に注ぎ、二献目からいただくことになっている。[3]

大神神社

味酒を三輪の祝が斎ふ杉手触れし罪か君に逢ひがたき（『万葉集』七一二）

三輪の神官が大切に崇め祀っている神木の杉、その杉に手を触れた罰でしょうか。あなたにお逢い

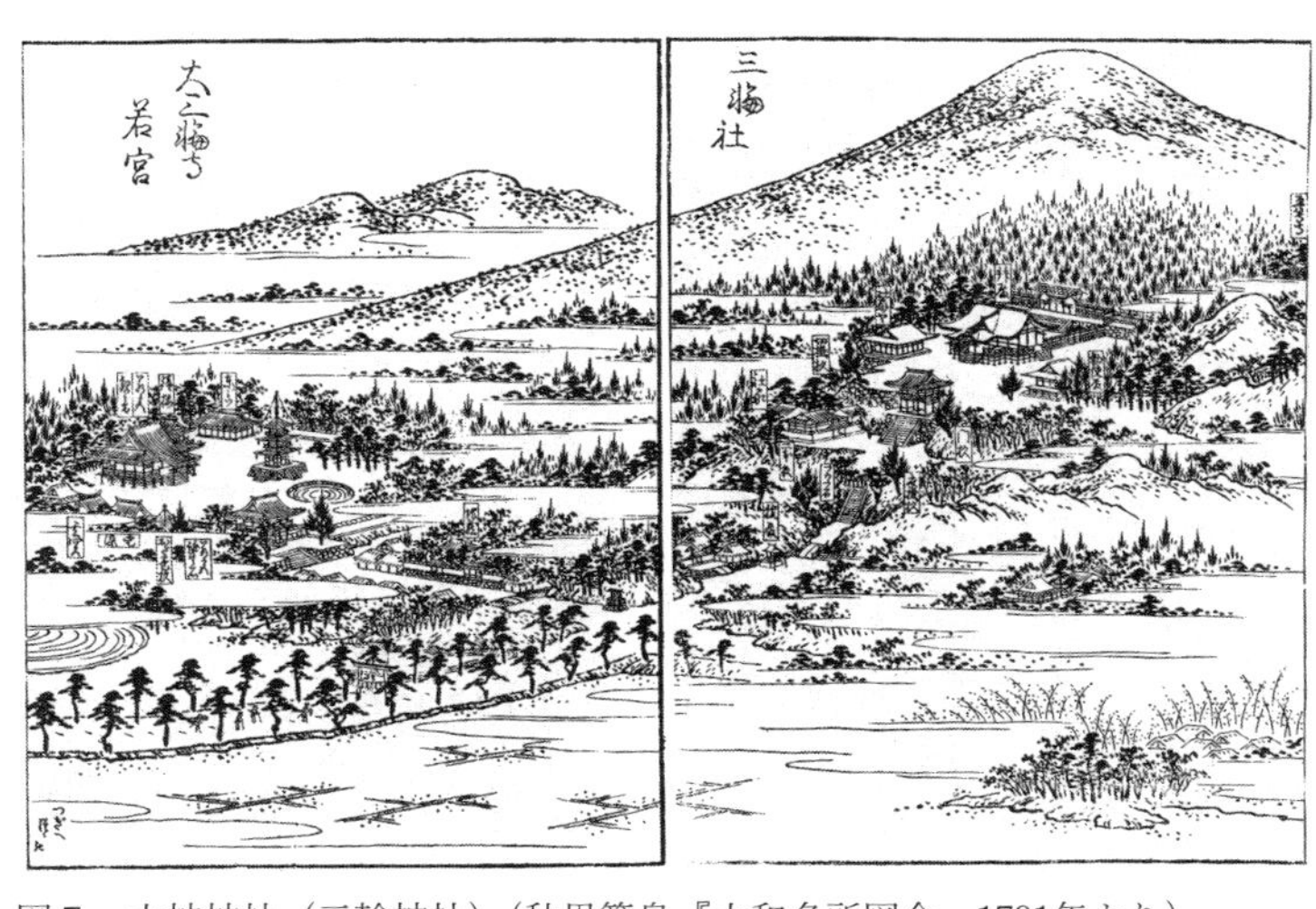

図７　大神神社（三輪神社）（秋里籬島『大和名所図会』1791年より）

できないのはと、これは恋する乙女の歌であるが、万葉の昔から、「味酒（うまさけ）」は三輪にかかる枕詞だった。

奈良県桜井市にある大神（おおみわ）神社の祭神は、大物主神（おおものぬしのかみ）である。農工業、商業などすべての産業開発にかかわる神であるが、枕詞のように、酒の神として古くから醸造家の崇敬を集めてきた。毎年一一月には醸造安全祈願祭（酒まつり）が行なわれ、巫女によって「うま酒みわの舞」が舞われる。

また、大神神社の境内にある活日神社には活日命（いくひのみこと）が祀られているが、活日はもともと大物主命に捧げる神酒の醸造を司る「掌酒（さかびと）」であった。

大神神社の近くでは、古墳時代五世紀頃に祭祀に使われた各種土器のミニチュアが出土しており、この頃から三輪山祭祀が本格的になっていたものと考えられる(3)。

松尾大社

俗に「酒の神様」とよばれ、大神神社と共に有名なのは、名勝嵐山に近い松尾大社（現・京都市西京区）である。造り酒屋の酒蔵に行けば、必ず松尾大社の分神が祀られている。

松尾大社の起源は非常に古い。技術者集団であった渡来人秦氏は酒づくりを得意とした。彼らがこのあたりに定住したのは五世紀頃からであり、松尾大社の創建は平安遷都よりも古い大宝元年（七〇一）とされる。『古事記』にはこう述べられている。

大山咋神亦の名は山末之大主の神。此の神は近淡海国の日枝の山に坐し、亦葛野の松の尾に坐して鳴鏑を用つ神ぞ

鳴鏑とは戦の際に用いる鏑矢のことで、この神はもと弓矢の神であった。山の上部（末）に鎮座する山霊で、山と山麓一帯を支配する荒ぶる神であった。

大山咋神は須佐之男神の子である大年神の子に当たる。また市杵島姫は女神で、九州宗像神社から大山咋神以前に松尾大社に勧請された。(4)

山の神は時代が下ると、やがて水の神、農耕の神、さらに酒の神へと変化したが、それは室町時代のことらしい。江戸時代初期に黒川道祐が著した京都の地誌『雍州府志』（一六八六）は松尾の祭神二座について、弓矢の神、社稷（国家）の神、寿命の神、酒徳の神であり、酒を醸す者は酒福神と

して崇めると述べている。松尾大社を訪れると、境内には酒造メーカーが寄進した多くの菰樽が積み上げられて壮観である（図8）。

古くからの言い伝えでは、酒づくりは卯の日にはじまり酉の日に終わるとされるが、現在同社では一一月はじめの卯の日に「上卯祭」という醸造安全祈願祭が、また酒づくりが終わった四月の酉の日には「中酉祭」という醸造感謝祭が行なわれており、多くの酒造メーカー関係者が参列する。

図8　京都市の松尾大社（筆者撮影）

日前・国懸神宮

和歌山市にある日前・国懸両神宮の歴史は非常に古く、祭神はそれぞれ日前大神、国懸大神である。

現在ではもう神酒はつくられていない。両神宮に伝えられる『日前国懸両太神宮年中行事』[5]は、寛文五年（一六六五）の写本ではあるが、古代における神酒づくりの姿を伝えるきわめて興味深いものである。

国懸宮では、一一月一〇日夜に御酒水迎、一一月一一日に国懸宮御酒造祭、九月一五日に御穂上祭といった行事があった。

また日前宮では、一一月一一日に御麴合祭が行なわれた。その際、「臭木灰小麦毛也支米等揉合置事也」という記述がある。御麴合祭とは、酒づくりで一番大切な麴づくりの祭であった。麴づくりでは「麴を揉み合わせる」と表現されるが、草木灰の一種である「臭木灰」、また小麦の麦芽「小麦毛也支」、米が併用されていることが興味深い。

一一月一三日の白御酒造事は、忌殿において行なわれ、下宮（国懸宮）と同様である。神社の井戸水を使用し、稲の穂を取って酒臼に入れて搗いた。

「黒酒」については同日の記述に、

同黒御酒造事撰吉日御供頭人大案主建長五年十一月十六日国造宣親始之
臭木灰麦萌芽米等入御酒也

とあり、黒酒は吉日を選んで醸造し、臭木灰で着色、小麦麦芽と麹を入れてつくる酒だったようである。このように麹と麦芽を併用する糖化法は、神酒づくりではきわめて珍しい。

白酒・黒酒は両社の相嘗祭（あいなめさい）において用いられた。

宇賀神社

これまで述べた神酒づくりは神社が主体となっているが、中には氏子の当屋が交代で醸造する例もある。香川県三豊（みとよ）市豊中町の宇賀神社の祭神は、宇賀魂神（うがのみたまのかみ）、笠縫神（かさぬいのかみ）といわれる。

神酒づくりは、かつて当屋の家で行なわれたが、現在では神社境内にある酒殿（一九六〇年建築）で米二俵を原料に年間一石程度つくられ、春秋の祭で信徒に振る舞われる。当社の祭は「どぶろく祭」として広く知られている。

毎年一〇月一八、一九日の例祭で参詣者に振る舞われ、二〇日の直会では氏子が自宅の米を持ち寄り、会食する。酒は濁酒であるが、これに先立って酒づくりの奉仕者、醸造容器、道具類の修祓（しゅうふつ）があり、九月八日に神社の境内において造り込み式が行なわれる。

明治一三年（一八八〇）以降は、こうした神社の神酒も「自家用料酒」として課税されることになり、また同三二年（一八九九）以降は自家用料酒そのものが廃止されることになった。当社の神酒は、その際陳情により酒造免許を得て醸造し続けることができた例である。明治三三年（一九〇〇）に濁酒の製造免許を得ている。[6]

氏子が醸造にかかわる例としては、他に長野県茅野市の御座石（ございし）神社の祭がある。祭神は高志沼河姫（こしのぬなかわひめ）という女神である。毎年四月二七日に行なわれる「どぶろく祭」の神酒も、氏子から選ばれた当番三人が四月中旬からつくる。

技術からみた神酒

神酒については、時代と共に何回か酒税法の改正があり、課税されたり、あるいは無課税となったりしてきた。現代では神社の醸造する酒は、原則として祭礼においてのみ使用するものであること、境内から移出、販売しないこと、必要以上には醸造しないこと、などが認可条件になっており、したがって仕込みの規模もせいぜい数石程度にすぎない。

神酒といえども、これをつくるには酒類製造免許を有していなければならず、酒の種類、製造期間、製造見込数量、製造方法など詳細を税務署に届け出、数量、アルコール分などの厳正な検査を受けなければならない。

そんな面倒もあって、現代では市販酒を用いる神社がふえてきた。国税庁鑑定官だった加藤百一が昭和五二年（一九七七）に行なった全国の神酒の調査は、鑑定官という立場上多くの資料を集めることができ、この時点における神酒の正確な実態を知ることができる。(7) 当時はまだ全国で四三の神社が酒類製造免許を有していた。このうち、伊勢神宮、出雲大社、莫越山（なこしやま）神社（千葉県）の三社の神酒だけが税法上の「清酒」で、それ以外は「その他の雑酒」となっているが、実態は「濁酒」であった。

主な神社の神酒について見てみる。

伊勢神宮

伊勢神宮では一〇月一五―一七日の神嘗祭（かんなめさい）用に神酒を醸造する。御料田で稲の穂だけを抜き取る抜穂祭を行ない、内宮の御稲御倉（みしねのみくら）、外宮の忌火屋殿（いみびや）に納める。酒づくりは内宮では御酒殿、外宮では忌火屋殿において行なわれる。あらかじめ酛はつくらず、最初から蒸米、麴、水で仕込む、俗に「どぶろく仕込み」とよばれる技法である。醪の日数は一二日、熟成後ざるで漉し、検定後二分して白酒・黒酒として供える。醪を漉せば、ざるであっても法律上は清酒となる。米を蒸す火は忌火屋殿の火を、また水は外宮の井戸水を、麴は市販品を使用する。(8)

別に醴酒（れいしゅ）もつくられるが、こちらはアルコール度数が一％以下で、法律上は酒ではない。

春日大社

酒づくりをはじめる「始醸祭」を二月二日、終了する「完醸祭」を三月六日に行なう。地元酒造メ

ーカーの協力を得、清酒で掛けは三回と、今日の市販酒に近い工程である。(9)

大神神社

酛を省略して酵母を加える「酵母仕込法」で、掛けは三回、火入れ（低温殺菌）して貯蔵する。(10)

出雲大社

一一月二三日の古伝新嘗祭の神酒として醴酒をつくる。乳酸を加える現代流の速醸法で、掛けは「添」、「留」の二回となっている。(11)

宇賀神社

香川県三豊市宇賀神社の神酒は、「菩提酛（ぼだいもと）」とよばれる酛づくり法である。これは生米の一部を取って飯を炊き、これを残りの生米中に七日間浸漬して乳酸発酵を行なわせ、乳酸酸性下で安全に酛をつくるものである。熟成した醪をかつては石臼で、今はミキサーですり潰し、笊で漉す。理由は、現行酒税法で濁酒づくりは認められていないが、笊で漉せば「濁酒」ではなく「清酒（せいしゅ）」に分類されるからである。年間八〇リットル程度しかつくらない。アルコール度数は約一四%、甘口辛口をあらわす日本酒度は年によってかなりの変動があるが、日本酒度がマイナス二〇以下と現在の基準からすれば極端な甘口酒といえる。(12)

御座石神社

長野県茅野市御座石神社の神酒はふつうに掛けを行なっているが、毎年の出来ばえにはかなりばらつきがあり、現在では地元の酒造会社で酒づくりを経験した氏子の協力を得て品質の安定化をはかっている。各地の神酒が氏子による当番制から次第に市販酒を用いるようになったのはこうした理由からであろう。

莫越山神社

最後に千葉県南房総市沓見（くつみ）にある莫越山（なこしやま）神社の醸造技術について述べておく。莫越山神社は『延喜式』（九二七）にも記載がある古い神社であり、神酒は、毎年九月一四日の「やわたんまち」（安房国司祭）において用いられる。昭和三〇年（一九五五）の『日本醸造協会雑誌』に紹介記事があるが、その当時は八月下旬からつくりはじめ、酛は菩提酛だった[13]。

平成二五年（二〇一三）には、氏子が奉納した地元産米の「ヒカリ新世紀」六〇kgを精米した三九kgを使用して、七月二八日から酛づくりをはじめ、祭の前日九月一三日に醪を搾っている。この神酒の特徴は今では全国的に数少ない神社がつくった清酒であることで、税務署員立ち合いの下、氏子総代らが作業を行ない、一升壜で四〇本の清酒を得、翌日の祭で神前に奉納、また神輿の担ぎ手に振舞われる。アルコール度数は二〇度に近く、黄金色で酸味の強い酒であったという（『房日新聞』二〇一三年九月一三日）。

神酒にはいくつか特徴がある。まず醸造用水は神聖視され、境内の井戸の前に神饌を供え、祝詞（のりと）をあげ、仕込み水を汲む。

米を蒸す火もまた重要な要素であり、神聖な火でなければならない。出雲大社に見られるように、ヒノキ製の「火鑽（ひき）り臼」とウツギ製の「火鑽切り杵」を摺り合わせ、神聖な火である「忌火（いみび）」をおこし、この火で米を蒸す。

つくるのに手間がかかる麹については、今日では市販品を購入する例が多い。酒づくりにおいて、蒸米に対する麹の割合を「麹歩合」とよぶが、神酒ではこの麹歩合が高いものが多い。これはアルコール度数を高めたり、甘口の酒をつくるためである。神酒にかぎらず古代の酒は麹歩合が高い。

また今日では、まず酛をつくってから、蒸米、麹、水を「初添」、「仲添」、「留添」と三回に分けて加え、醪の量をふやしていく「三段掛け法」が一般的であるが、神酒では酛をつくらず、最初から蒸米、麹、水を全量容器に加えてしまう、俗に「どぶろく仕込み」とよばれる製法であることが多い。仕込みの規模が小さければ、これでよい。

醪の日数は、秋祭が行なわれる秋は八—一五日間、夏は七—九日間と当然寒造りより短くなる。

今日では神社が神酒の醸造に関与する例は少なくなった。伊勢神宮ですら祭用の神酒をすべてつくっているわけではない。また酒づくり経験のある技術者が、市販の麹、培養酵母を使用して、現代酒に近い神酒をつくっている例もある。

過疎化、高齢化が進みつつある現在、毎年の秋祭に合わせて神酒をつくるのは大変な手間であるし、面倒な税務署の検査も受けねばならない。それでも氏子自身が栽培した米を持ち寄り、自分たちで今日なお神酒をつくっている例は貴重である。

酒殿

神酒を醸造する建物が酒殿である。奈良市の春日大社には、平安時代の貞観元年（八五九）創建と伝えられる酒殿が現存しており、今も神酒がつくられている。

この酒殿では春日祭に使用する「一宿酒（ひとよざけ）」、「社醸酒（しゃじょうしゅ）」をずっとつくってきた。天平勝宝二年（七五〇）、孝謙天皇が春日酒殿に行幸されたと『続日本紀』にも記録されている。

壁は白壁、屋根は檜皮葺で、換気口も備えられている。内部は土間と板の間に分かれているが、土間に甕を埋め、板の間で麹づくりをしたのであろう。扉の上には注連縄（しめなわ）が張られている（図9）。古代の酒蔵そのものではないにしても、その姿を十分想像することができる。

清潔ですがすがしい朝の酒殿の雰囲気を伝える、次のような神楽歌が残されている。

酒殿は今朝（けさ）はな掃（は）きそ　内舎人女（うどねりめ）の
裳（も）引き裾（すそ）引き今朝は掃きてき

図９　春日大社酒殿（筆者撮影）

内舎人女は掃除などの雑役を行なう女。酒殿は今朝は掃かないで下さい、内舎人女が服の裾で今朝は掃いて来たのだから。

次のような歌もあるが、これは静かな真昼の酒殿における逢引きの情景だろうか。

酒殿は広（ひろ）しま広（ひろ）し甕（みか）ごしに
　わが手な取りそしか告げなくに

酒殿は広いのだから、甕（みか）越しに私の手を取らないでまわっておいで。そうは告げませんから。

第三章　古代日本の酒

発酵学者の坂口謹一郎（一八九七―一九九四）によれば、古代日本の酒は「民族の酒」、「朝廷の酒」、それに「酒屋の酒」に分類できるというが、このうち、大陸の酒の影響がまだ残っていた朝廷の酒については、『延喜式』などの文献資料もあり、技術の内容を分析することができる。しかし「民族の酒」や「酒屋の酒」となると、技術に関する手がかりがほとんどない。本章では近年の遺跡発掘調査の成果や和歌なども参照しつつ、現在まで明らかになっていることを述べることにしたい。

『古事記』、『日本書紀』にみる酒

『古事記』（七一二）と『日本書紀』（七二〇）には天皇と酒に関する記述がいくつかある。いずれもきわめて断片的なもので、半ば伝説でもあるが、技術書など存在しない奈良朝以前の酒に関して、ある程度の情報を得ることはできる。

まず素戔嗚尊が「八しおりの酒」をつくらせて八つの酒船に入れさせ、大蛇「やまたのおろち」に飲ませて酔わせ、これを退治したという話である。『日本書紀』ではこの酒を「菓の酒」、「毒酒」と表現している。古代日本に果実を原料にした酒や、そのように強い酒が存在したのかという疑問が当然生じるが、解答は得られそうにない。

また吉野の住民国栖が天皇に酒を献上する際、「横臼」で酒をつくったという歌を詠んでいるが、古代の醸造容器には甕や壺など陶器だけではなく、大木をくり抜いた臼なども使用されていたことをうかがわせる。

又吉野の白檮生に横臼を作りて、其の横臼に大御酒を醸みて、其の大御酒を献る時に、口鼓を撃ち伎を為して、歌曰ひけらく、

白柏の生に　横臼をつくり　横臼に　醸みし大御酒　甘らに

きこしもち飲せ　まろがち

此の歌は、国主等大贄献る時時恒に、今に至るまで詠ふ歌也(1)

また『古事記』にあるすぐれた酒造技術をもたらした渡来人須須許理の話は、五世紀はじめの応神天皇の時代である。

又秦造之祖漢直之祖、また酒を醸むことを知れる人名は仁番亦の名は須須許理等、参ゐ渡り来つ。故是の須須許理大御酒を醸みて献りき。是に天皇是の献れる大御酒にうらげて御歌曰はしけらく、

須須許理が　醸みし御酒に　われゑひにけり　事和酒　咲酒に　われゑひにけり(2)

天皇は百済からの渡来人須須許理のつくった酒で酔われ、大いに満足されたのである。

鄭大聲によると、その本名は仁番、「須須許理」は朝鮮語の「スルコリ」から来た言葉で、酒づくりを職業とする者のことであるという(3)。たしかに渡来人の果たした役割は大きいと思われる。しかし古代日本の酒造技術がどれくらい朝鮮半島の影響を受けていたのか、資料はほとんどなく、あまり断定的なことは言えない。

同じく応神天皇は、豊明の宴会で日向国の髪長比売に柏の葉の大御酒を取らせたとある。飯や酒を植物の葉に盛ることは、広く行なわれていた古代の習慣であり、柏がよく用いられた。天皇の食事を司る役のことを膳部とよぶのもこれに由来する。酒を葉の盞に盛るのも、粘度の高い古代の酒でこそ可能だったことである。

『古事記』には、次の仁徳天皇の御世にも柏の葉の話がある。天皇は大嘗祭豊明の宴会に用いる「御綱柏」を紀伊国にまで皇后に採りに行かせた。ところが留守中の天皇の不実を知った嫉妬深い皇后は大いに恨み、怒り、船に積んできた御綱柏をことごとく海に投げ捨ててしまったという(4)。また皇

后が宮中の宴会で氏族の女たちに柏の葉を盃として与えた記事もある。
この「御綱柏」とは、ウコギ科のカクレミノとも、シダ類のオオタニワタリともいわれるが、いずれも葉の先端が三つに分かれ、三角柏（みつのかしわ）ともよばれる所以である。

『万葉集』にみる酒

『万葉集』には酒を主題にした歌がいくつか収められているが、なかでも大宰府長官大伴旅人（おおとものたびと）（六六五―七三一）による一三首はよく知られていて、いつの時代も酒に対する人間の思いはあまり変わらない。いくつか見てみる。

験（しるし）なきものを思はずは一坏（ひとつき）の濁れる酒を飲むべくあるらし（三三八）

価（あたひ）なき宝といふとも一坏の濁れる酒にあにまさめやも（三四五）

これは無条件の酒讃歌であろう。「価なき」は、無価値ではなく、評価できないほど尊いの意。今日まで続く日本人の濁酒への憧れはこの歌によるものだろうか。

酒の名を聖と負せし古の大き聖の言の宜しさ（三三九）

これは禁酒令が出された中国魏の時代に、酒飲みが清酒を「聖人」、濁酒を「賢人」と名付け、ひそかに飲んだという故事による。

君がため醸みし待ち酒安の野にひとりや飲まむ友なしにして（五五五）

酒は気の合った友と楽しく飲みたいものだ。しかし、親しい友は都に戻ってしまった。自分は一人安の野（現・福岡県朝倉郡筑前町安野）で「待ち酒」を飲む。

接待のために用意する酒が「待ち酒」で、また古くは醸造することを「醸む」といったが、これは「噛む」から転じたものであろう。

いつの時代も、人間の住む世界は醜い争い事が多く、わずらわしい。傍目には恵まれた地位にあると思われた大伴旅人も、どろどろした政治の世界に身を置いて、苦労し、くやしい思いをすることが多かったようだ。酒も飲まず、賢しらに物を言う人を猿にたとえているが、こうした同僚にはうんざりしていたようである。

なかなかに人とあらずは酒壺になりにてしかも酒に染みなむ（三四三）

この世にし楽しくあらば来む世には虫に鳥にも我はなりなむ（三四八）

いっそ酒壺になって酒に浸りたい、この世さえ楽しくあれば、たとえ来世は虫や鳥になろうともかまわないという。

生まれれば遂にも死ぬるものにあればこの世なる間は楽しくをあらな（三四九）

どうせ人は皆死ぬのだから、せめて生きている間くらい、酒でも飲んで楽しくありたいものだ。このあたり現代人にも共通する虚無的、快楽主義的な人生観だろう。旅人の歌に共感する人は多い。

それでも連日のように酒を飲み、酔うことができた皇族や貴族は幸せであった。山上憶良の「貧窮問答歌」を読むと、なんともわびしい気持になってくる。

風交じり　雨降る夜の　雨交じり　雪降る夜は　すべもなく　寒くしあれば　堅塩を　取りつづしろひ　糟湯酒　うちすすろひて　しはぶかひ　鼻びしびしに（八九二）

「糟」は『和名類聚抄』によれば「かす」、あるいは「酒滓」であり、「糟湯酒」とは醪を搾って清酒を取った後の酒粕に湯を加えたものである。少しはアルコール分も残っているので、寒さをしのぐ助けにはなる。また堅塩も酒のつまみとなる。

造酒司の酒づくり

造酒司とは、宮中の諸行事で用いるさまざまな酒、酢などの醸造食品をつくっていた宮内省直属の役所である。造酒司については、惟宗直本が編んだ『令集解』（八六八頃）、および『延喜式』（九二七）が現存する数少ない資料である。

『令集解』によると、造酒司は酒の醸造、醴（一夜でつくる甘酒のこと）、酢を司る役所である。長官の造酒正を頂点に、佑一人、令使一人、酒部六〇人、使部一六人、直丁一人からなるかなり大きな組織で、酒を醸造する他に、宴会において酌をする仕事もあった。

実際に酒を醸造する職人は「酒戸」であり、大和国に九〇戸、河内国に七〇戸、合せて一六〇戸あった(5)。

一方『延喜式』巻四〇「造酒司」は、宮中で行なわれるさまざまな儀式に供される酒のつくり方、道具類、必要な酒の量などについて述べている。

平城京の造酒司（現・奈良市佐紀町）については、発掘調査によってその実態がかなり明らかになってきた。造酒司の建物は、平城京の南大門から入って正面の大極殿を経、さらにその北東部あたりにあった。一九九三年六月、奈良国立文化財研究所によって発掘調査が行なわれた。

遺構は東西一〇〇m、南北一二五m以上の大規模なものであるが、奈良時代後半期の井戸跡は、直径一・四m、深さ一・四mの杉の大木をくり抜いて埋め、まわりは方形のヒノキ板の枠で囲われていた。さらに井戸の周囲には、内側にバラス、外側には人頭大の石が丁寧に敷きつめられており、全体が六角形の屋根で覆われていたことも明らかになった。井戸からは石組みの排水溝がのびている。付近では多くの瓦が出土していることから、造酒司の建物はおそらく瓦葺き屋根であり、土間には深さ一―一・二mの甕を埋めた穴が三〇―四〇あった。

出土した銅印は一辺が四センチ角、ローマ字のHのようなマークで、酒甕の口を紙などで覆い、この銅印を押して封印したものと思われる。この遺構を造酒司のものとする根拠は、多くの木簡、墨書土器（「造酒」、「酒司」などと書かれている）、須恵器、土師器（はじき）が出土したことである。

出土した木簡を解読した結果、造酒司から職員への通達、酒の請求、荷札、甕につけた札などであることがわかった。「清酒中」、「白酒」、「中酢」などと書かれた木簡もあって、澄んだ清酒や新嘗祭で使用する白酒がつくられていたことがうかがえる。表に「三石七斗二升」、裏に「神亀元年（七二四）十一月十一日」とあるのは、聖武天皇の大嘗祭用酒の付札であろうか。また「難酒（かたさけ）」はふつう「醇酒」と書き、アルコール度数の高い酒のことであるが、河内国志紀郡から缶（ほとぎ）（小さい瓦器）に入れて四升が納められている。須恵器には、はっきり「酒杯」と墨書されたものもある。

造酒司の遺構はその後保存、復元工事が行なわれ、現在では見学して往時をしのぶことができる。(6)

発掘調査によって古代造酒司の実態がかなり明らかになってきたが、甕を土間に埋める酒づくり法

図10　平城京造酒司の井戸遺構（筆者撮影）

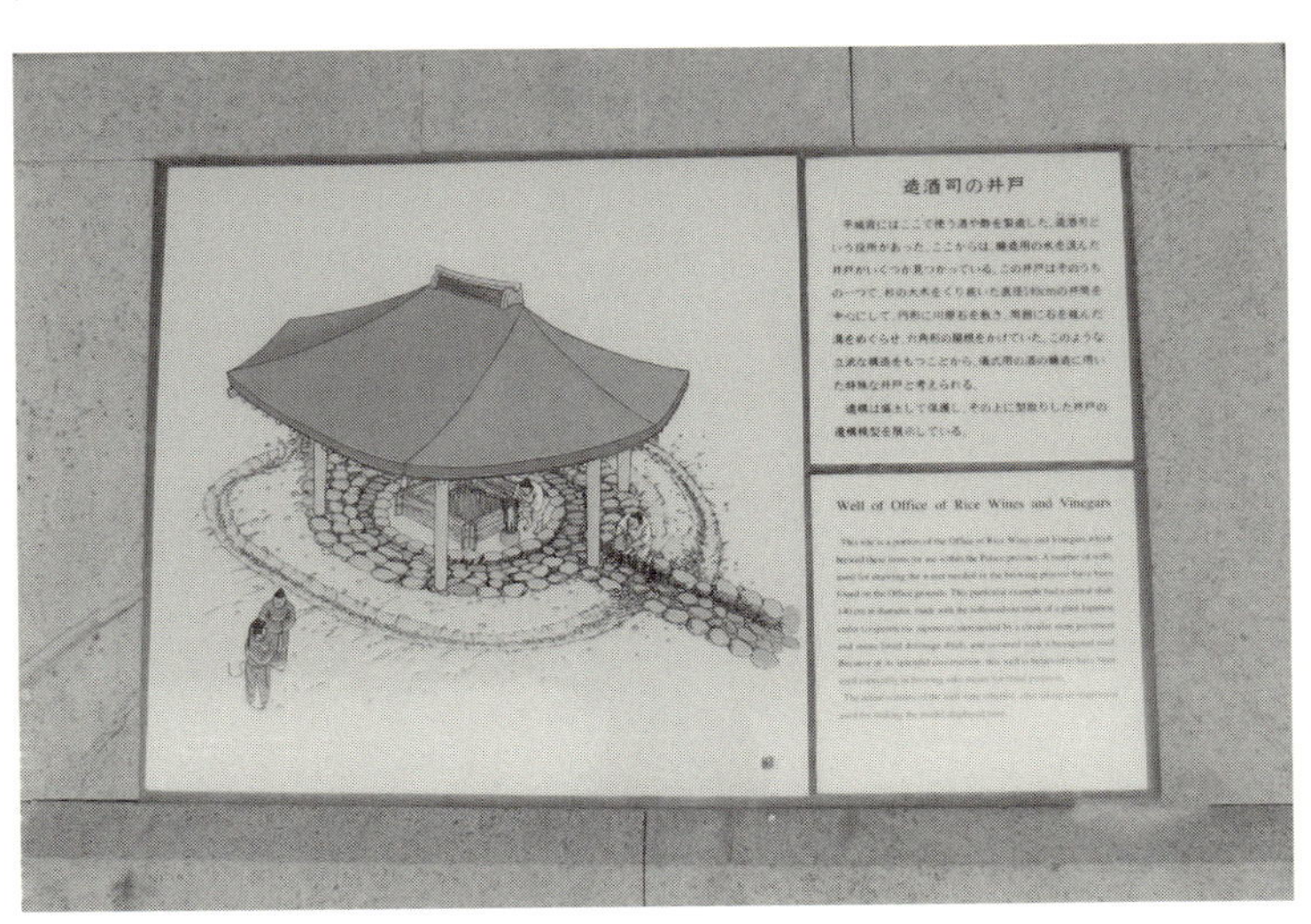

図11　平城京造酒司　同復元図（筆者撮影）

は、その後戦国時代末から本格的に木桶が使われるまで長く続いた。
また平安京の造酒司は、大極殿の西側、現・上京区千本丸太町西入ル付近にあったとされるが、現在では市街地化が進んで家屋が立て込んでおり、発掘調査が行なわれたのは一部にとどまっている。造酒司の倉庫と思われる建物で、ここで酒の醸造が行なわれたことを裏付ける甕、壺などは出土していない。

造酒司に祀られる神は九座あり、酒彌豆男神（さけのみつおのかみ）、酒彌豆女神（さけのみつめのかみ）が醸造用水を守る男女の神、竈神が四座、残り三座の大邑刀自（おおたわめ）、小邑刀自（こたわめ）、次邑刀自（つぎたわめ）が酒甕の神とされている。

造酒司でつくられた酒についてはすでに先行研究もあり、[7] また文献を元に酒を復元してみる試みもあった。文献資料は、平安時代延喜年間から編纂が開始された『延喜式』（九二七）の巻四〇「造酒司」[8]、および神祇巻第七巻の「践祚大嘗祭（せんそだいじょうさい）」[9]であるが、残念ながら酒に関する記述はきわめて簡単であり、これだけで古代酒造技術の全容を解明することはかなりむずかしい。表に造酒司でつくられた酒の原料配合と製成量をまとめた。この表でたとえば「御酒」の場合、蒸米一石、麹四斗、水九斗から酒八斗がえられることを示している。

本文には「麹」ではなく「糵」とあり「ヨネノモヤシ」、「カムタチ」とルビがふられている。糵（げつ）は麹ではなく、麦芽など穀芽のもやしだとする意見もある。『延喜式』では、麦芽を使用する場合は、「小麦萌」と表記されているので、糵は麹のことと思われる。蒸米の表面にコウジカビの菌糸が生育

表　造酒司の酒　原料の配合と酒の製成量　(単位・合)

種　類	原　料				製成酒量
	蒸米	麹	水	酒	
御酒	1,000	400	900	—	800
御井酒	1,000	400	600	—	400
醴酒	40	20	—	30	90
三種糟　1	500	100 ＋小麦萌 100		500	500
2	糯米 500	100 ＋小麦萌 100		500	500
3	粱米 500	100 ＋小麦萌 100		500	500
擣糟	1,000	700	1,700		1,000
頓酒	1,000	400	900		800
熟酒	1,000	400	1,170		1,400
白酒・黒酒	714	286	500		178.5×2
釈奠　醴斎	白米粉末 180	90		清酒 50	200
盎斎	黒米粉末 130	60		清酒 50	200

筆者作成

してのびた状態が、ちょうどもやしのように見えることから名づけられた。

当時の大宝升の容量は現在の一石が一八〇リットルよりもはるかに少なく、一石が八三リットル程度といわれる。原料米は、「御酒(ごしゅ)」が年間二一二石九斗、「擣糟(かち)」四八石、「御井酒」一九石五斗、「醴酒」三石六斗、「三種糟」は二七五石一斗が使われた。ここで「糟(そう)」は、酒の醪(もろみ)のことである。

興味深いのは、酒、酢の他に内膳司(うちのかしわでのつかさ)供御(くご)の唐菓子(からがし)用として「甕(あえ)の甘醴」用の米七石六斗が挙げられていることで、砂糖が大変な貴重品だったこの時代、醴は甘味料として使われていたのである。

御酒(ごしゅ)

御酒は名前通り天皇の供御酒として、さまざまな節会において用いられる最高級酒である。御酒づくりでは、蒸米一石、蘖、つまり麹を四斗、水九斗、合計二石三斗を用い、酒八斗を得る。この製法を俗に「酒八斗法」とよぶ。

酒は一〇月から醸造をはじめるが、「旬を経てしおりと為す」とある。「しおる」、つまり絹布などで醪を搾る操作を開始後一〇日以内に行なうことを指す。ただし、この操作は四回までに限られた。一方現在の酒は、原料の蒸米、麹、水を三回に分けて醪に加える「添(そえ)」とよばれる方法でつくられる。

その他の酒についても言えることだが、蒸米に対する麹米の割合（麹米÷蒸米＝麹歩合という）が今日の酒よりも高く、できた酒の量も八斗と少ない。今日の酒に比べればかなり濃厚な甘口酒だったと思われる。

御酒は山城、大和、河内、和泉、摂津の諸国において、「酒戸」によってつくられ、使用する原料米は年間二一二石九斗と多く、酒八斗法では総量一二一石程度の酒が得られる。

御井酒（ごいしゅ）

旧暦七月下旬から醸造をはじめ、八月一日から供される夏の酒である。蒸米一石に対し麹は四斗と、御酒と同じであるが、加える水は御酒の九斗に対し六斗しかない。これを「汲水をつめる」というが、濃厚な醪になり、得られる酒も四斗と、御酒に比べて半分である。

醴酒（れいしゅ）

「醴（れい）」は甘酒、一夜酒の意味で、短期間でできる酒である。夏の六月一日から七月三〇日までの間、日に一度つくる。原料は蒸米四升、麹二升、水のかわりに酒三升を加え、醴酒九升を得る。すでにでき上がった酒に麹の割合を多くして蒸米を加えるから、短期間で甘い酒ができる。夏の酒らしく冷やして飲む。

三種糟（さんしゅそう）

正月節会用の「三種糟」には文字通り三種類の酒があるが、いずれも水のかわりに酒を用い麹と「小麦萌」、つまり小麦の麦芽を使う再成酒である。また粳米だけでなく糯米、粱米（あわのうるしね）（粟にも「うるち」と「もち」がある）も使用されている。日本ではほとんどの場合、麹で糖化するので、麦芽を使用する酒はきわめて珍しい。古代の酒づくりにはまだ大陸の影響が残っていた例として注目される。

擣糟（かちそう）

蒸米一石に対し麹を七斗、水を一石七斗も加えて、擣糟一石を得る。「擣（とう）」は、「搗（とう）」と同じく突く、打つの意味であるが、原文のルビは「カチ」となっている。醪をすりつぶしたどろりとした甘い酒であろう。

以下釈奠の酒までは「雑給酒」とよばれる。雑給酒用の米は年間六一五石七斗使用される。

頓酒（とんしゅ）

名前からして短期間でつくる早づくりの酒であることがわかる。蒸米一石、麹四斗、水九斗から頓酒八斗が得られる。

熟酒（じゅくしゅ）

「熟」の字から、時間をかけて醸造したことがうかがえる。蒸米一石、麹四斗に対して、加える水は一石一斗七升もあり、したがって糖化と発酵が十分に進み、濃醇、辛口の酒だったと思われる。製成酒も一石四斗ある。

汁糟・粉酒

つくり方はいずれも先の「酒八斗法」に准ずるとある。九月一日から翌年五月三〇日まで供される。日に四升を御厨子所へ、二升を進物所へ。夏の六月一日から八月三〇日の間は「擣（擣）糟」をもってかえる。

釈奠の酒

釈奠とは唐から伝わった行事で、二月と八月上の丁の日に大学寮で、孔子とその弟子たちの肖像をまつり、講義を行なうものである。

このためにつくられる酒は、「醴斎」と「盎斎」であり、醴斎は白米一斗八升を粉にし、うち九升で麴をつくる。盎斎は黒米、つまり玄米一斗三升を粉末としてうち六升で麴をつくり、そこに清酒五升を加えて、いずれも酒二斗を得る。祭の四日前につくる。一般に米を粉末化すると発酵が促進される。また麴の割合が高いから糖化が早く進み、かなり甘口の酒ができたと思われる。

その他　白酒・黒酒

毎年秋に行なわれる米の収穫感謝祭、新嘗祭と、天皇即位の祭である大嘗祭において供される白酒・黒酒は、現代まで残る古代の酒の代表であり、きわめて興味深い。

原料は蒸米一石。このうち二斗八升六合を麴に、残り七斗一升四合を飯にし、水五斗を合わせ、甕に等分する。酒一斗七升八合五勺を得る。

熟した後、一つの甕には久佐木（くさぎ）（臭木）灰三升を加え、「黒貴（黒酒）（くろき）」と称する。灰を加えない酒を「白貴（白酒）（しろき）」と称する。大嘗祭の夜ならびに解斎（げさい）の日にこれを供する。

現在も『延喜式』の記述をもとに製造は引きつがれており、これをつくって宮内庁に納めているメーカーがある。製造法については後述する。

造酒雑器

『延喜式』巻四〇「造酒司」は、主な酒の製造法の後に「造酒雑器」として、さまざまな道具類、容器の数量も挙げている。

中取（なかどり）の案（つくえ）　八脚——「案」は食器などを載せる台である。
木臼　一腰
杵　二枚
箕（み）　二〇枚——箕は穀物をふるって、殻やごみをふりわける道具。

槽（ふね）　六隻――槽は酒船ともいい、これで布袋に入れた醪を搾る。損耗したら交換する。
甕（かめ）の木蓋　二〇〇枚――近江国産
橧（こしき）　三口――米を蒸す道具。
水樽　一〇口
水麻笥（みずおけ）　二〇〇口――麻笥は「おけ」と読む。
小麻笥　二〇口
筌（うえ）　一〇〇口――筌は細い竹を編んだ魚を捕える道具である。
匏（ほう）　一〇口――匏はひょうたん。
以上は供奉酒用の酒造道具である。その他、
暴（曝）布　三條
麻笥盤　一口――盤（さら）は一般に浅い皿を指す。
揮盤　一口
明櫃　三合――櫃（ひつ）は蓋のある大型の箱。
韓竈（からかまど）　一具――など、
以上は三種用である。
醴を冷やす「由加（ゆか）」一口――醴酒は夏の間は冷やされていることがわかる。
槽垂袋（さかふくろ）　三三〇條――雑給酒用

名前と数量が挙げられている道具類から、この時代はまだ石臼ではなく、木臼と杵で玄米を搗いて精白し、甑で蒸し、木の蓋をした甕の中で醪をつくり、酒袋に入れ、酒船中で搾って清酒を得ていたという工程が、ある程度見えてくる。

古代の酒はすべて濁酒であり、戦国時代末まで清酒はなかったとする説もあるが、「槽垂袋」が存在することから、少なくとも宮廷用の高級酒には清酒（すみさけ）が用いられていたものと考えられる。

『延喜式』巻四〇「造酒司」に記載されたさまざまな酒を見てきたが、ここには、古代の醸造技術の実態を解明するいくつかの重要な鍵があるように思われる。

まず現代の酒に比べると、蒸米、麹に対して、加える水の量が少ないので、醪の粘度が高く、どろりとした酒である。また甘味料が貴重だった関係か、かなり甘口の酒が多い。実際にこの製法で醸造した復元酒の分析結果からもそのことが裏付けられる。

また古代は盃に柏など植物の葉なども使用されていたが、そのことも粘度の高い酒だったことを示している。

先の「御酒」の製造法に見られるように、一度でき上がった醪を搾り、そこにさらに蒸米、麹、水を加えていく「しおり」方式がまだ併存していたことは興味深い。しおり操作は酒のアルコール度数を次第に高めるものであるが、中国華北の粟酒のように粘度が低くさらりとした醪ならともかく、米を原料とした粘度の高い日本酒の醪を搾るのには時間と手間がかかり、あまり適していない。

後代の日本酒が、醪に蒸米、麹、水を何回かに分けて加えてアルコール度数を次第に高め、最後に搾る「添(そえ)」方式に一本化されるのは、「しおり」方式は醪を漉すのに長時間を要し、その間雑菌による汚染を受けやすいという欠点があったからだろう。

また日本における麦芽の用途は、主に飴をつくる際のでんぷん糖化用だった。麦芽を大量に用意するのは、手間とコストがかかる。ヨーロッパの麦文化圏では麦芽が、アジアの米文化圏では麹が糖化剤に適していたということだろう。

古代酒がどんなものであったか、先の神酒の製法と共に『延喜式』の記述は有力な手がかりを与えてくれる。

大嘗祭と白酒・黒酒

天地(あめつち)と久しきまでに萬世(よろずよ)に仕へまつらむ黒酒(くろき)白酒(しろき)を（『万葉集』四二七五）

現在まで続く大嘗祭の酒には古代酒の影響が残っている。この祭において白酒・黒酒はどのようにしてつくられ、用いられていたのだろうか。先の『延喜式』巻四〇「造酒司」、同神祇巻第七巻「践祚大嘗祭(せんそだいじょうさい)」、その後の研究(10)(11)(12)をもとに組み立ててみよう。

米の収穫感謝祭である新嘗祭(にいなめさい)は毎年行なわれる。天皇が即位後はじめて行なう新嘗祭を大嘗祭とよぶため、内容は基本的に新嘗祭と大きな違いはないが、天皇即位が七月以前の場合にはその年に、八月以後の場合は翌年に行なった。

あらかじめ卜定によって、大嘗祭の神饌・神酒用の御稲(みしね)を栽培する悠紀(ゆき)、主基(すき)両国の斎田が決定される。斎田の御稲を抜き取る「抜穂使(ぬきほし)」は、八月下旬に都を出発して斎田に向かう。

抜穂使の一行は、造酒童女(さかつこ)、酒波(さかなみ)、篩粉(ふるいこ)、多明酒波(ためのさかなみ)、稲実公(いなのみのきみ)など、酒づくりに関係ある仕事をする人々からなり、このうち「造酒童女」は、悠紀、主基両国に当たった郡の未婚の娘を充てる。

しかし造酒童女は、名前の通り酒づくりのすべてに関与したわけではなく、儀式の冒頭まず最初に手を下すのが役目であった。すなわち、斎田の稲穂を抜き、斎院において干し納める。稲穂のうち四束は供御の飯に炊き、残りは白酒・黒酒の醸造に用いる。

九月下旬に抜穂使が都に戻ると、斎場を建てる土地の地鎮祭を行なう。ここでもまず造酒童女が鍬を取り、四隅の柱穴を掘る。卜部、造酒童女らは山に入って山の神を祀り、材木を採るのであるが、最初に斧を取るのは造酒童女である。

都の斎場には内院と外院が建てられ、柴で籬(り)(垣根)を、木を編んで門をつくる。内院に建てられるのは、八神殿、稲実屋、白酒屋、黒酒屋、倉代屋、贄屋、臼屋、大炊屋、麹室各一であり、外院には多明酒屋(ためさかや)、倉代屋、供御料理屋、多明料理屋三棟、麹室を建てる(図12)。

いずれも樹皮をはがしていない黒木の柱と草でつくる。草を蔀(ぶ)(しとみ戸)とする。保温のためであろう、麹室だけは塗り壁となっている。井戸も造酒童女が最初に鍬で掘る。

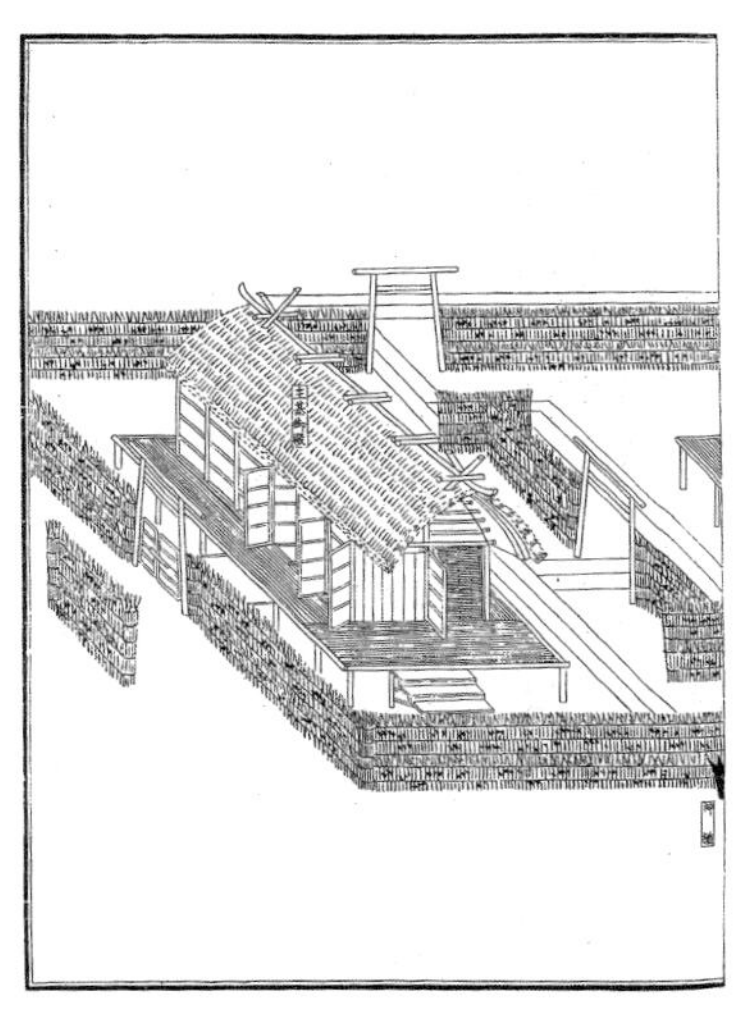

図12 「貞享四年大嘗会図」の悠紀殿と主基殿（神宮司庁編『古事類苑　神祇部二十　大嘗祭三』，国立国会図書館ウェブサイトより）

一〇月中旬から大多米（おおため）酒を醸す。また内院には酒殿の神が祀られるが、八神である。白酒・黒酒用の酒米は、まず造酒童女が手を下し、次いで女たちが一緒に搗く。井戸の神、竈の神を祭り、酒を醸しはじめる日に酒の神を祭る。

一一月上旬、内院の酒を醸す。また大嘗宮（悠紀殿、主基殿、廻立殿）を建てる。

大嘗祭は一一月中旬の卯の日にはじまるが、その日に御稲（みしね）、白酒・黒酒、供物を大嘗宮に納める。また白酒・黒酒は最終日の午の日に行なわれる豊明節会（とよのあかりのせちえ）において供される。

大嘗祭は天皇一代一度限りの即位式であり、きわめて重要な儀式である。そこには農耕民族日本人の、主食である米に対する深い思いが込められているように思われる。収穫感謝祭は、その他にも伊勢神宮の神に稲を捧げる神嘗祭、毎年宮中で行なわれる新嘗祭、さらには秋祭から現代の勤労感謝の日に至るまで受け継がれている。主穀である米がいかに重要視されてきたかを表わしている。稲の初穂を取り、清められた火（忌火）で炊いた飯を、その他の神饌、神酒と共に祖先神に捧げる。

大嘗祭における「供饌」とは、その年悠基、主基の両国において収穫された米で飯を炊き、酒を醸して、天皇が祖先の神々に捧げ（御進供）、さらに自らも食べること（御親供）である。

神饌は一〇人の采女によって膳屋から運ばれ、まず悠紀殿において供饌がはじまる。後取女官、陪膳から天皇に渡される。酒を供えるにあたっては、陪膳はまず左手に本柏を、右手に瓶子を持って酒を入れ、天皇に渡す。天皇はこれを右手で受け、白酒・黒酒、各二度ずつ、順に神饌の上に振り灑ぐのである。これで天照大神以下の神々が飲酒することになる。

次いで天皇は、自らも御食薦上の飯を食べ、最後に白酒・黒酒を各四度ずつ飲む。これは神との直会であり、祀る者から祀られる者になることを意味する。一度廻立殿に還御した後、出御、今度は主基殿において同様にして供饌を行なう（図13）。

平安時代末頃の大嘗祭の様子については、高倉天皇が即位した仁安三年（一一六八）一一月の大嘗祭で「御祓装束司次官」の任に当たった平信範の日記、『兵範記』にくわしい[13]。この年一一月二日、稲実公、造酒童女など抜穂使が都に戻った。童女は一三歳の少女である。式三献の儀が行なわれ、次いで童女が火鑽を渡し、稲実公が火をおこし、かがり火をともした。

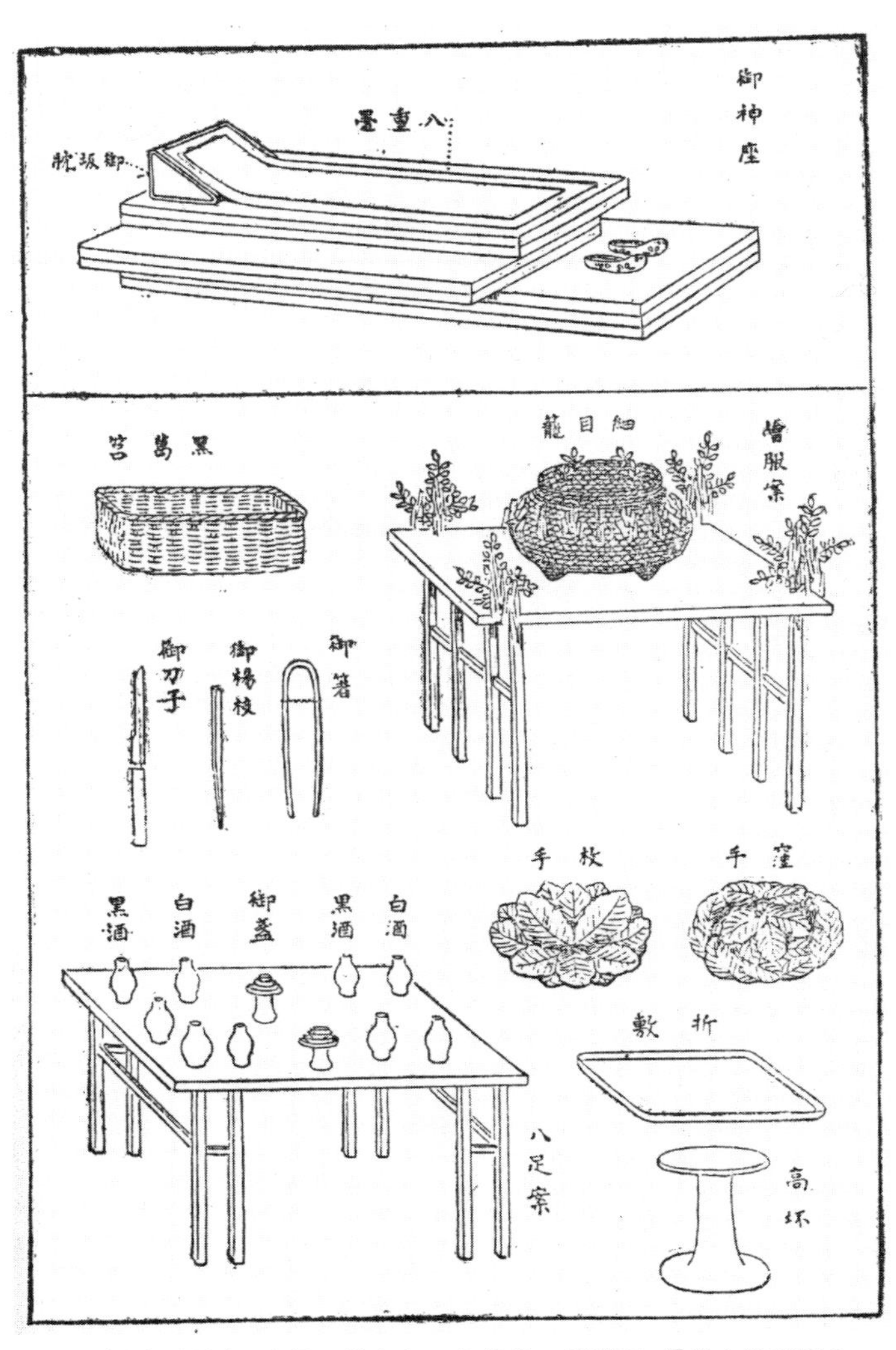

図13　白酒・黒酒や八足の机など，大嘗祭の諸道具（『考古学講座８』雄山閣，1928年より）

悠紀殿、主基殿の順番に大嘗宮も棟上げされた。

大嘗祭の食と酒を中心に述べると、二二日の卯の日から神膳が供された。まず采女（うねめ）が稲舂歌を歌いながら米を舂き、神膳料理をつくる。一〇人の采女は、水、神食薦、御食薦、箸、平手、御飯、生物、干物の筥、干物、菓子の筥（はこ）を持つ。内膳司高橋朝臣（あそん）の一人はあわびの汁漬けを取り土器に盛る。安曇の宿禰（すくね）一人が和布（わかめ）汁漬を取る。内膳司の膳部四人は、羹を入れる盞、八足の机を担ぐ。ここで造酒司の役割は、御酒を置く八足の机を二人が担ぎ、「平居瓶（ひらいがめ）」をおくことである。悠紀殿における供饌の後は、主基殿でも同様の儀式が行なわれる。

大嘗祭が終了した当日酒宴があり、殿上で盃酌二献、朗詠、今様歌（いまようた）、乱舞（らんぶ）（即興の舞）が行なわれた。翌二三日には早くも大嘗宮は取り壊される。この日の宴会では鮑の汁、御飯その他のおかず、白酒・黒酒を天皇に供し、終わると臣下に賜わる。二四日にも宴会があったが、この日の三献には白酒・黒酒はない。

酒造道具類

大嘗祭において使用される酒造道具と食器については、宮内省から使いを八月上旬に河内、和泉、尾張、三河、備前の五か国に派遣してつくらせている。(14) 現物が残っていないものも多く、いかなるものかわかりにくいが、『延喜式』「践祚大嘗祭」の記述から、用途を推定してみる。

河内国　藺笥、大小の手洗瓫、瓶、短女杯、湯瓫、各種の盤酒盞、多加須伎

和泉国　藺笥、由加

尾張国　甕、缶（腹部が丸くふくれた土器）、筥杯

三河国　等呂須伎、都婆波、多志良加、山杯、小杯、已豆伎匜（注ぎ口のある青銅器）

備前国　甅、水瓫、都婆波、缶、酒垂、匜、筥瓶、短女杯、山杯、片盤、酒盞、小坩、陶臼、已豆伎匜

淡路国　瓫（あるいはみか）　瓫は水や酒を入れる大きなかめ容量一斗五升とある。比良加　容量一斗、坩容量一斗

阿波国　火鑽　火を起こす鑽。

容量が明記されている容器も、最大で一斗五升程度であり、そう大型のものは見当たらない。

白酒・黒酒用の酒米は、まず造酒児が手を下し、次いで女たちが一緒に搗く。搗き終わると井戸の神、次いで竈神を祭る。酒を醸しはじめる日には、また酒の神を祭る。国別に甕四口、甅四口を用意するが、それぞれ半分ずつ白酒・黒酒用である。

大麻笥四口、臼四腰、杵八枚、箕八枚、槽三口、籮八口、志多美八口、平笥八口、酒槽三隻、明櫃四合、折櫃二二合、大案二脚、韓櫃二合、大明櫃一合、小麻笥六口、匏七柄、杓四柄、灰篩二張、粉篩二張、瓫・甅二口は曝布をもってこれを覆う。

図14　復元された大嘗祭の道具類（ミニチュア）。月桂冠大倉記念館にて（筆者撮影）

『延喜式』「造酒司」にも、官田の稲二〇束を用い、あしぎぬ製大篩（一つは灰を篩い、もう一つは酒を篩う）、麹を曝す調の布帷子などを用意する、とある。米一石を女丁に搗かせ、二斗八升を麹に、七斗一升四合を蒸米にし、水五斗を加える。酒一斗七升が得られる。二つの甕に等分し、一つには久佐木灰三升を加え、「黒酒」と称する。加えない酒を「白酒」と称する。黒酒は灰を加えて着色した酒である。

践祚大嘗祭において、斎会の夜と解斎の日に、また新嘗祭の直会でも参議以上に供される（図14）。

黒酒は白酒に「久佐木灰」を加えるとあるが、この灰は臭木（くさぎ）、すなわち常山木（じょうざんぼく）を焼いた灰か、あるいは単なる草木灰なのか、解釈が分かれるところである。

クサギ（学名 *Clerodendrum trichotomum*）はシソ科クサギ属の落葉小高木で、日本の山野に広く自生する。特有の臭気を有するが、葉は茹でれば食用になる。加える意味は何なのか、議論が分かれるところであろう。

古代は臭木灰だったのが、後に黒胡麻粉末になったとする意見もある。

白酒・黒酒の醸造法に関しては多くの説があってやや混乱も見られる。少し考察してみよう。

『延喜式』の記述によれば、熟した後「久佐木（臭木）灰」三升を一甕に混ぜ、名づけて黒酒と称し、灰を加えない方を白酒と称する。しかし黒酒は、灰を加えた後、漉すとは述べていないのである。

そこで江戸時代になると、いささか混乱が生じてくる。有職故実研究家の伊勢貞丈（一七一八―一七八四）の『貞丈雑記』では、白酒が常の清酒、黒酒は常山の根を黒焼きにして酒に混ぜたものとしている。[15] つまり「白」＝透明で清酒、あるいは白い濁酒と解釈するかによって意見が分かれる。黒酒も、久佐木灰を使う代わりに「烏麻粉」を用いた時代があったという。烏麻粉は黒胡麻粉とされる。

清酒はいつ誕生したのか。古代清酒はなかったが、濁酒に灰を加えて清酒にする方法が中世末期になってようやく誕生したとする説もある。

伊勢神宮（皇太神宮）では神嘗祭において白酒・黒酒が用いられ、酒殿もあって今も酒が醸造されているので、参考になろう。

酒は「酒作物忌」と「清酒作物忌」によってつくられる。『皇太神宮儀式帳』には、

酒作物忌。（中略）職掌。陶内人ノ作リ進レル酒瓶三口ニ、酒醸備（サケカハシ）へ供奉ル。（後略）
清酒物忌。（中略）職掌。陶内人ノ作リ進レル瓶三口ニ、碓春白御酒（ウスツキノシロミキ）備へ儲ケ供奉ル。[16]

とある。物忌（ものいみ）は大嘗祭における造酒童女に相当し、酒をつくる少女である。また同書「神嘗祭供奉行事」の項には、

酒作物忌乃白酒（シラシノミキ）作リ奉、清酒物忌作奉黒酒（クロシノミキ）、并二色ノ御酒毛、太御饌ニ相副供奉、

との記述がある。

この個所は、「酒作物忌」と「清酒物忌」が逆になっているのではないか、白シノ酒は白米、黒シノ酒は黒米（玄米）を使用してつくるのではないかとの指摘もある。しかし玄米を原料にしても、真っ黒な酒にはならない。ここは原文どおり解釈すればよいと思う。つまり、先の「碓春白御酒（ウスツキノ）」とは濁った白酒、黒酒はそこに灰を加えた後に漉してできる清酒と解釈すれば、清酒物忌がつくっても矛盾しない。現在つくられている白酒（しろき）は、醪をすり潰したどろりとした酒である。

『延喜式』「造酒司」は漉す操作については述べていないので、こうした混乱が生じたが、酒造道具中に灰用と酒用二種のあしぎぬの篩があることからも、酒は漉されており、黒酒は清酒だったと考えられる。

現在酒は忌火屋殿で仕込み、熟成後に醪をざるで漉す。これで税法上は清酒となる。税務署の検定後酒を二分し、白酒・黒酒として供献する。

その後の白酒・黒酒

戦乱が続き、皇室も経済的に困窮した室町時代以降は、長い間大嘗祭は行なわれなかった。文正年間の後土御門天皇以後なく、東山天皇の貞享四年(一六八七)になって再開したが、次の中御門天皇の御世には再度中断し、桜町天皇の元文三年(一七三八)にようやく復活している。この間に内容が変化している可能性がある。

食物を入れる椀、「窪手」は、青柏の葉を青竹の針でとじ、皿状の「平手」も同様にしてつくった。白酒・黒酒を入れる「土瓶」は東山の音羽で、「土高坏(つきたかつき)」は岩倉幡枝村で焼かれている。酒をのせる「案」は長さ三尺八寸、幅一尺八寸、高さ一尺八寸とある。

酒は貞享の大嘗祭から醴ではなく清酒が用いられ、文政の大嘗祭では上賀茂においてつくられ、酒造道具も新調されている。「半切桶」二つ、「大桶」二つ、「中桶」四つ、「小桶」など、この時代になると桶が使われた。白米九斗六升を用い、酒は一一月一三日にできた。

明治以降の大嘗祭における白酒と黒酒については、大正と昭和の大嘗祭の記録を中心に見てみよう。都は京都から東京に移ったが、明治二二年(一八八九)に制定された『皇室典範』で、即位礼と大嘗祭は京都において行なうこととなった。

大正の大嘗祭は、大正二年（一九一三）一一月一四日京都御所において行なわれ、基本的には古代と変わらないものであった。白酒・黒酒は京都上賀茂神社の酒殿で醸造された。当時の『日本醸造協会雑誌』の紹介記事には、酒造道具を上賀茂神社に搬入する折の写真、また孝明天皇即位の大嘗祭の際使用された道具類の写真も掲載されている。(17) しかし酒樽、酒器、缶、酒海などは素朴な陶器製で、いずれも小さく、古代とあまり違わないように思える。

昭和三年（一九二八）の大嘗祭でも、大嘗宮（悠基、主基両殿、廻立殿）は京都御所敷地内の仙洞御所に建てられた。(18)(19) 地鎮祭は八月五日、天神地祇を祀り、米などと共に土器に入れた酒が散供され、斎鍬で柱の穴が穿たれた。

亀卜によって、京都以東以南、悠紀の斎田（さいでん）は滋賀県野洲郡三上村、以西以北、主基の斎田は福岡県早良郡脇山村に定められた。抜穂使は九月中旬に両県に派遣され、掌典が斎場において神々を祀り、抜穂式を行なった。ここで収穫された新米各一石は、一〇月下旬までに京都御所に送られて、御飯と酒になる。

天皇は一一月六日名古屋に一泊後、七日京都に行幸され、即位礼は一〇日に行なわれた。大嘗祭の一日前には鎮魂の儀が行なわれたが、これは天皇の魂を鎮め、その安穏を祈る儀式である。

大嘗祭は一四日夕方から一五日明け方にかけて仙洞御所内の大嘗宮において行なわれた。東側の悠紀殿、西側の主基殿は同じつくりの建物で、柱や棟は皮をはがさぬ黒木であり、屋根も茅葺き、縁側は竹簀子で上に薦を敷く昔ながらの建て方である。大嘗祭後は壊して撤去される。

大嘗祭は古代から次の順序によって進められる。

①神饌行立、②天皇御手水、③神饌の参進、④神饌の供進、⑤御酒の供進、⑥天皇御飯親供、⑦神膳退出。

祭は女官による「稲舂の儀」からはじまるが、古代と同じように木の杵と臼を用いる。その後、神饌、酒がまず悠紀殿へ運ばれ、天皇は廻立殿から出発する。天皇は神饌を神前に供えた後、直会の儀に移り、神に捧げたのと同じ神饌、神酒を食する。直会は天皇と神との共食を意味するので、人である天皇が祖先の神と合一するのである。

一五日深夜、主基殿において天皇は再び同じ儀式を行ない、廻立殿に戻って、翌朝大嘗祭は滞りなく終了した。祭が無事に終了した感慨を、記者は次のような和歌であらわした。

　　霜むすぶ夜すがら神を斎きます御代ひとたびの大嘗まつり

一六日と一七日には大宮御所の北側に新築された饗宴場で宴会があり、天皇は大元帥の軍装、皇后はローブ・デコルテの礼服で出席した。一六日は古式の料理で、酒は「平居瓶」に入れた白酒・黒酒を天皇に供し、その後出席者にも下賜された。舞楽場が設けられ、古式通りに久米舞、風俗舞、五節の舞などが行なわれた。一七日の宴会も同様の内容だったが、この日の料理は洋食だった。さらに一七日の夜には夜宴も行なわれ、二五〇〇余名が出席した。

　昭和の大嘗祭でも、白酒・黒酒は市内の上賀茂神社（現・京都市北区）境内で醸造された。上賀茂神社北神饌所の南、約四〇〇坪の土地に竹柵をめぐらし、西側に正門、東南の隅に通用門を、門内の北側に醸造所、南側に麹室、その東側に蒸米所を設けた。醸造所は、東西五間、南北三間半の広さで、内部を区切り、東側三間を土間、西側三間を板張りの間とした。奈良春日大社の酒殿と同様の構造である。麹室は間口六尺、奥行き七尺で、保温のために藁で覆った。蒸米所は東西五間半、南北三間で、これも西側の二間は土間として、その中央に竈を築き、東側は畳敷きの休憩室とした。また「御井（みい）」（井戸）は神社の「御物井（おものい）」を用いた。

　醸造用の諸道具は、兵庫県西宮の業者が所有する奈良県吉野郡冷水の山林から、樹齢約三〇〇年の杉その他良材を選定、伐採し、加工した。今回も明治四年（一八七一）の新嘗祭から毎年白酒・黒酒を醸造していた東京市の業者加島十兵衛が担当した。

　当年悠紀、主基の両斎田において収穫された新穀を、一〇月一七日に大嘗宮の斎庫から受け取り、翌日から作業を開始した。二九日には仕込みを終了、一一月一〇日に醪を搾った。悠紀、主基用の白酒、黒酒各五升をそれぞれ桶に入れ、一三日に典儀部員が点検した後、唐櫃二つにおさめて京都御所の大嘗宮に納入した（図15）。気候が温暖な秋に短期間でつくる速成酒であり、延喜式の時代からほとんど変わらぬ方法でつくられていたことがわかる。

　記者は、白酒・黒酒のいずれも濁酒であろうと推定しているが、現物を確認してはいない。

図15　昭和大嘗祭。上賀茂神社を出発する「悠紀御神酒」と「主基御神酒」

平成の天皇即位から大嘗祭は東京において行なわれることになり、京都で白酒、黒酒を醸造するのは昭和の大嘗祭が最後となった。また毎年の新嘗祭で使用される白酒、黒酒は、関西の某メーカーでつくられ、宮内庁に納められている。

大臣大饗

正月一日、七日、一五日、三月三日、五月五日、七月七日、九月九日などが平安時代の宮中の主な宴会日である。

大饗（だいきょう）とは平安時代の宴会のことで、二宮大饗、大将大饗、大臣大饗（おとどのおおみあえ）などがある。料理は中国の影響を受けた「大饗料理」が供され、料理文化史の面からも興味深い。

倉林正次の『饗宴の研究』[20]、源高明（九一四―九八二）の有職故実書『西宮記』[21]などを手がかりにこの任大臣大饗における酒について述べたい。

任大臣大饗は大臣に任じられた時に、大臣が部下である太政官の官人をすべて招いて催すもっとも盛大な宴会であるが、親王や一世源氏（天皇の子で臣籍に下り、源姓をもつ）も出席する公的性格もある。したがって朝廷は雅楽を用意し、また労をねぎらって贈る禄の準備もする。乳を煮詰めた練乳と思われる「蘇」、丹波産「甘栗」が出席者に下賜される。また大饗の正客である「尊者」は多くの客を引きつれて来る。

準備は一〇日くらい前からはじめられ、予行演習である「習礼」も行なわれる。

大饗料理は「上客料理所」で、酒は「酒部所」で準備される。酒部所は屋外にあって、幔幕を張り、中央に火炉を置き、炭を積み、酒を温める。東側には黒漆の酒樽を、西側には瓶子や盃などを置く棚を、南側には床几を置く（図16）。

大臣大饗は、「拝礼」、「宴座」、「穏座」の三部構成で進行すると考えられる。拝礼は神道の祭では神祭、宴座は直会に相当し、本当の意味での饗宴は最後の穏座であろう。

拝礼では尊者がつれてくる客に主人が立って挨拶をする。その後一同円座に着座する。

宴座では「羞饌」は肴を客にすすめる。内容は干物、生物、木菓子、唐菓子など。酒は一座に大盃を廻すことを一献というが、基本は三献となっている。いよいよ酒が出る。初献ではまず主人が座を立つ。酒は酒部所から折敷に様器をのせて持ってくる。殿上人が白茶垸の瓶子を持って主人に従う。

図16　大饗の酒部所。酒を温める（田中有美編『年中行事絵巻考　巻15』，国立国会図書館ウェブサイトより）

まず主人が飲み、次いで尊者にすすめる（勧盃）。盃は身分の高い者から低い者へと順々に廻され、最後の者が台盤の下に置く。主人は席に戻る。

以下同様に二献、三献と続くが、それぞれ勧盃人、瓶子を持つ人はことなる。二献の際には「餛飩（こんとん）」（うどんの原型とも言われる）がすすめられ、三献では飯、雉焼、汁膾などが出される。

藤原氏の家で大饗が行なわれる場合は、同家伝来の朱漆「朱器台盤」が用いられた。また酒はふつう三献までで、ここまでが儀式と考えられる。

酒は酒部所から運ばれ、様器（ようき）が使われる。また瓶子は公卿には白茶埦、その他の客には青ほとぎが使用される。酒を温める酒部所の人たちは、三献の間に西の門から退出する。四献以後、盃は様器から土器にかわるので、以後は温酒ではなく、冷酒になるようだ。四献では雉の熱汁が出る。さらに五、六、七献と続く。様器（ようき）については、今日ではよくわからないが、『源氏物語』「宿木」にも、

銀（しろがね）の様器、瑠璃（るり）の御盃、瓶子は紺瑠璃なり

と瑠璃と並べられているように、きわめて貴重で高価な器だったようだ。

六献までおわると、場所を南簀子敷に席を移す。ここからが穏座（おんのざ）となる。酒肴には、芋粥（ヤマノイモの粥）、零余子（むかご）焼が出るが、暑い季節には削氷（けづりひ）（シャーベット）や甘瓜も出た。穏座では笛、琵琶、笙、琴などによる管弦の興、禄物（ろくもつ）を賜わる。やがて尊者から退出する。

式三献

式三献（しきさんこん）は、古くから日本の宴会の基本であり、現在でも神前結婚式の「三々九度の盃」として残っている。

一盃の酒を飲むことを「一度（ひとたび）」といい、三度飲むことを「一献（いっこん）」、これをふつう三回繰り返すのが「式三献」である。また盃を座にめぐらして飲むことを「一巡」とか「巡盃（めぐりさかずき）」という。

客は三献までは動かず、四献以後に立って献盃をし、また音楽も四献以後であるというから、三献までが正式の宴会と考えられていたのだろう。節会の盃は七巡を越えることはなかったという。

五節供

「五節供」は年間五回の節供を指し、正月七日、三月三日、五月五日、七月七日、九月九日、いずれも同じ奇数が並ぶ日である。もともとは中国から伝えられて日本化した儀式が多い。

正月七日は、人日（じんじつ）。一日から六日目までは家畜を占い、七日目に人事を占うことに由来する。

三月三日は上巳（じょうし）という。古くは三月最初の巳（み）の日であったが、後に三月三日となる。女子の祝いの日であり、今の雛祭である。桃花酒、白酒、草餅などを飲んだり食べたりする。桃の花を酒に浮かべる「桃花酒」を飲めば、病を除き、顔色をうるおすという。宮中では禊祓（みそぎはらい）「曲水（ごくすい）の宴」が催された。これは曲がった水路の岸に文人が並び、觴（さかづき）を流し、觴が自分の前を通り過ぎる前に和歌をつくり、觴の酒を飲む遊びである。

　岩間（いはま）より流れてくだす盃に花の色さへ浮ぶけふかな（『六百番歌合』春下　十七番）

　さか月（づき）の流れとともに匂ふらしけふの花吹（はなふ）く春の山風（かぜ）（『六百番歌合』春下　十八番）

まことに優雅な宴である。曲水の宴は、平安時代村上天皇の御代に行なわれた記録がある。現在も京都市の城南宮で開かれている。白酒については、後の江戸時代には、鎌倉河岸豊島屋の白酒が名物となる。これについては後述する。

五月五日は端午の節供といい、男の子の節供である。中国楚の屈原の故事にちなみ、粽をつくり、ショウブの根を刻んで酒に浸した「菖蒲酒」は邪気を払うとされた。

七月七日は七夕で、この日宮中で素麵を食べる習慣は、室町時代にはじまった。

九月九日は重陽（ちょうよう）の節供といい、菊の節供である。古くは菊の花を酒に入れる「菊酒」を飲んだ。

この日から三月二日までは燗をして温酒を飲む。それ以外は「冷酒」である。

長岡京醸造所の発掘調査

朝廷の酒である造酒司の酒については、『延喜式』の記述と遺跡の発掘調査によってある程度明らかになったが、「酒屋の酒」の実態は文献資料、発掘調査共にきわめて少なく、研究は遅れている。二〇一一年冬から春にかけて長岡京埋蔵文化財センターが行なった長岡京の醸造所遺構の発掘調査の結果はきわめて興味深い。

長岡京は、七八四年から七九四年に平安京へ遷都されるまでのごく短期間の都であった。長岡京右京八条二坊七町の「掘立柱建物ＳＢ八八」は、東西五間、南北二間の建物で、甕を埋めた穴が三列で合計二三個あった。南側に突き出した廂があって、その下には甕は据え付けられておらず、作業場だったと思われる。穴からは須恵器の破片が多数出土し、酒甕は高さ一ｍ、胴回り八〇㎝とかなり大きな甕と推定された[22]（図17、18）。

図17　長岡京醸造所の遺構。酒甕を埋めた跡（2011年，筆者撮影）

図18　長岡京醸造所の遺構。酒甕の破片（2011年，筆者撮影）

一九八六年の発掘調査によって、この建物の西側により規模の大きな建物があったことが明らかになっている。さらに木簡の記録から、この場所には醸造施設が集中していたものと推定された。このあたりは醸造用地下水にめぐまれ、現在もウイスキーやビール工場があるように、酒づくりに適した場所である。

建物が官営でなく民間醸造所だったとすると、長岡京の時代から商業的規模で酒づくりが行なわれていたと言えそうである。

第四章　中世・戦国の酒

日本酒の通史を書く場合、平安から鎌倉、南北朝にかけての時代は、技術に関する文献資料がきわめて少なく、調査が困難な時代と言える。したがってこの時代の酒については、文学などにも頼ることにする。

鎌倉武士と酒

平安時代の武士や貴族が酔ったために戦で不覚をとったり、連日の飲酒のゆえに健康をそこねた例が多かったためか、鎌倉武士は概して禁欲的であり、たとえ飲んでも前後不覚になるまで酔いつぶれることは少なかった。

吉田兼好（一二八三？―不詳）の随筆『徒然草』第二一五段の逸話は、鎌倉武士の酒に対する姿勢をよく表わしていると思われる。(1)

執権北条時頼がある日の宵、部下の大仏宣時を呼び出した。直垂がなくて手間取っているとまた使いが来て、服装はかまわないから早くと言われ、あわてて駆けつけた。すると時頼は銚子に土器を取り添えて持ってきて、「この酒を一人で飲もうとしたが、さびしいのでお呼びした。だが酒の肴がない。家族は寝静まっているから、何か適当なものがないか、探してくれ」という。宣時が紙燭をつけて隅々まで探すと台所棚の小さな土器に味噌が少しついたものがあった。「これを見つけました」と言うと、時頼は「それで結構」と気持ちよく数献におよんで、愉快になったという。

自分が酒を飲むために深夜に家人を起こしては悪いとの気遣い、また味噌を肴に酒を適度に飲むというのも、きわめて質実な態度である。

鎌倉幕府の酒造政策は、一貫して抑制的だった。たびたび引用される『吾妻鏡』建長四年（一二五二）九月三〇日条によれば、幕府は「沽酒」、つまり酒の販売を禁止した。この時鎌倉中の民家には、三万七二七四個もの酒壺があった。これだけ多くの酒壺があり、沽酒を禁じたということは、狭い鎌倉での酒づくりは、かなり盛んだったということであろう。主食用の米を酒の原料として大量消費することは、日本酒のかかえてきた宿命であるが、やはり健全とは言えない。沽酒禁止は鎌倉幕府の基本政策であり、その後文永元年（一二六四）、弘安七年（一二八四）、正応三年（一二九〇）にも、各地に沽酒禁止令を出している。(2)

同じく『徒然草』第一一七段には、「友とするに悪き人」として七つのタイプが挙げられている。[3]すなわち、身分の高い人、若い人、病なく健康な人、そして四つ目が「酒を好む人」である。身分の高い人、若い人、健康な人には、相手の悩みなど分からないだろうし、酒好きの人は、酒席でからんだり、暴力沙汰を起こしたりと、とかくさまざまな失敗をすることが多いからだろう。ちなみに残りの三つは、勇ましい武士、嘘つき、欲深い人である。

逆によき友としては、物をくれる人、医師（くすし）、知恵ある人が挙げられているが、その理由は今でも同じだろう。

「下部（しもべ）に酒飲ますする事は、心すべきことなり」ではじまる同書第八七段[4]も、京都に住む具覚房という僧が、宇治から馬で迎えに来た下男に酒を飲ませたばかりにひどい目に遭った話である。

遠い道のりだからと、馬を引いてきた下男にまず酒を一杯飲ませてやれと出したところ、出される盃を次々と受け、口からこぼれ落ちるくらいの大変な飲み方である。どうも変だとこのあたりで気づけばよかったものを、下男は太刀を佩き、いかにもかいがいしそうなので、頼もしく思って召し連れて行った。

途中宇治に近い木幡（こはた）のあたりで奈良法師が兵士をたくさん連れているのに出会うと下男は、「日暮れに近い山中であやしい奴、止まれ」と太刀を引き抜いた。相手方も太刀を抜き、矢をつがえたりして、あわや争いになろうとした。あわてた具覚房は手をすり合わせ、「この男は泥酔しているので、まげて許して下さい」と懇願したので、相手は嘲って通り過ぎた。

ところが下男は今度は具覚房に向かって、「あなたは残念なことをしてくれたものだ。自分は酔ってなどいない。手柄を立てようとして抜いた刀が無駄になってしまった」と怒って斬りかかってきた。いかにも酒癖の悪い男の言いぐさである。具覚房は駆けつけた里人の助けでようやく一命だけは取りとめたが、腰を斬られ、一生身障者となってしまった。酒癖の悪い人間には注意して飲ませないといけないという教訓である。

また宴会で酒を勧める人や酒の害悪についても、「世には心得ぬ事（わけのわからぬ事）の多きなり」ではじまる第一七五段に述べられている。(5) 兼好自身、こうした酒飲みによっぽど悩まされたからだろうか。

何かあるごとに、まず酒を勧めて、強いて飲ませることを興とするのは、どういうわけともわからない。飲まされる人がとても耐えがたそうに眉をひそめ、他人の見る目をうかがって酒を捨てようとし、逃げようとするのを捕まえて、引きとどめてうんと飲ませるので、上品な人もたちまちにして狂人となり、前後不覚に倒れ伏す。翌日はおきまりの二日酔いで物も食べられない。以下、酒と酒飲みの害について、くどいくらい延々と述べている。

これを読むと、宴会での酒の無理強いや、酔っぱらいの醜態は、かなり古くから日本人の習性だったらしい。では著者の吉田兼好は酒と上戸が心底嫌いだったかというと、どうやらそうでもないのである。最後の方に「かくうとましと思ふものなれど、おのづから、捨て難き折もあるべし」と、あるべき酒の飲み方やその功徳を述べている。月の夜、雪の朝、花の下などで、心のどかに物語などして盃を出すのは、興を添えるものという。要するに物事はすべて程度問題であると言いたいのだろう。

狂言

これも技術資料ではないが、室町時代に流行した狂言も、中世の人々の酒に対する考え、飲酒風俗を知る上で参考になる。

狂言「餅酒」[6]には、毎年の年貢に菊酒、鏡餅を持って上洛する加賀と越前の百姓が登場する。二人は道中で出会って一緒に旅をするが、京都の領主の屋敷に着くと、年貢に添えて歌を詠むよう求められる。領主からは褒美に「お通り」をいただいた。お通りとは、貴人の前に召し出され、手ずから酒を賜ることである。実際に酌をするのは当番の「奏者」であるが、二人は酒を三献飲んだ。「三献ずつたべて、洛中を舞下りに致せ」と命じられる。狂言では酒は「飲む」とも、「食べる」とも表現されている。また「舞下る」とは舞いながら下ることである。

最後に加賀の百姓は、正月らしく、「松の酒屋や梅壺の柳の酒こそすぐれたれ」とめでたく歌う。加賀の百姓が持参した「菊酒」は昔からの加賀名物で、菊花を煮た汁につけた酒、また「柳の酒」は京都の五条坊門にあった有名な酒屋のことである。

狂言「河原太郎」は、河原の市で自家製の酒を売る女と、その酒を何とかしてただ飲みしようとたくらむ亭主の駆け引きを面白く描いた作品である[7]。この時代、造り酒屋以外にも自家製の酒を市で売る庶民が多かったのであろう。

さて、売る前に酒がよくできたか悪しくできたか、心もとないので、ぜひとも自分が少しばかり試飲してみたいと亭主が言い出す。試飲は酒を「きく」という。「飲む」のではない、「きいて」みたいとねだる亭主に、女房は、いや、客から金をもらう「売り初め」をしないうちはどうしても駄目だとつっぱねる。そこで亭主は腹立ちまぎれに、女房の酒は不出来だと市のなじみの客に言いふらして売れないようにしてしまう。

ここで女房の酒を「甘うす（酸）う苦う辛うて、一口も召上らるる酒では御ざらぬ」とこき下ろすのが興味深い。「甘辛酸苦」の四味すべてが入っている。

さて女房とのさまざまなやり取りの後、とうとう亭主は女房の酒をただ飲みできることになった。器はまず「五斗かわらけ」で、次にはさらに大きな酒壺で「滝飲み」をさせてくれと頼む。「滝飲み」とは、盃の酒が絶えぬよう、次から次へと酒を注ぎ入れることである。酒飲みの理想だろうか。最後には「追入れ」といって、亭主の顔に直接酒をかけて終わる。

狂言「伯母が酒」[8]も、酒屋の伯母の酒をなんとか理由をつけてただ飲みしようとたくらみ、とうとう鬼の面をつけ、伯母を脅かして酒をせしめるが、眠り込んでしまったため、正体がばれてしまうという甥の話である。ここでも「酒をたべる」「酒を飲む」と両方の表現があるが、両者は厳密には区別されていないようである。

伯母の方も、飲ませろとしつこく頼む甥に、客に酒をはじめて売る「売り初め」をまずしないうちは、ただで振る舞うことはできないと、同様の断わり方をする。

図19　酒売りの女（『群書類従　巻五〇三　七十一番職人歌合』より）

職人歌合

歌合は参加者を左右の組に分け、「月と恋」など共通の題で一首ずつ和歌をつくり、審判が一組ずつその優劣を判定する、平安時代からある遊びである。室町時代の『七十一番職人歌合』（一五〇〇）(9)には合計一四二人もの職人が登場する。ここには物づくりをする職人の他にも、さまざまな物売りが取り上げられている。食品は女の売り手が多く、先の狂言にもあるように河原の市で手づくりの食物や酒を売る女たちも結構いたのだろう。

また発酵食品では、「酒作り」、「麹売り」、「法論味噌売り」などがある。第六番酒作りの口上は、「先ずさけめせかし。はやりて候。うすにごりも候」で、「うすにごり」とは清酒と濁酒の中間的な酒である。酒は漆器の瓶子（へいし）に入れられている（図19）。

図20　麴売りの女（『群書類従　巻五〇三　七十一番職人歌合』より）

また第三八番麴売りが「殿方どのご覧じてよだれながしたまふな」と述べるように、麴は酒づくりに必須であり、酒好きが見れば酒を連想するものである。絵の方は後年描かれたのだろうが、曲物（まげもの）の中に麴が入れられている（図20）。

京都の酒屋

京都にはいつ頃から商業的な酒屋があったのだろうか。室町、戦国時代の酒屋については、小野晃嗣による詳細な文献資料研究が戦前行なわれている(10)。

平安時代の『延喜式』左京職の記述から、すでに商業的酒屋が市中に散在していたことがうかがわれる。鎌倉時代に入ってからの記録では、『平戸記（へいこき）』が仁治元年（一二四〇）に多数の酒屋が存在したと記し、また鎌倉時代末の元徳元年（一三二九）の『東寺執行日記』にも、「近日京洛之俗、偏専利潤、杜康之業頗以繁多」と繁栄をきわめていたとある。「杜康」は、酒をつくったといわれる中国の伝説上の人物で、したがって「杜康之業」とは造り酒屋のことを指す。

南北朝の戦乱がようやく終息した一四世紀の終わりから、戦国時代末頃までの約二〇〇年間が、京都酒の全盛期である。京都の酒屋はかなり早い段階から都市の住民向けに酒を醸造してきた。

先の狂言「餅酒」では、加賀と越前から年貢を納めに上洛した二人の百姓は最後に、「松の酒屋や梅壺の柳の酒こそすぐれたれ」と都の柳酒をほめたたえる。この柳酒屋は中興といい、場所は「五条坊門西洞院南西頬」にあった。「頬」とは、通りに面した側のことである。この酒屋の酒は「柳」とよばれ、日本で最初に銘のついた酒だった。当時の公卿、僧侶の日記に贈答品として「柳」、あるいは「柳一荷」とあるのは、この酒のことである。「柳」の由来は、この店の前に大きな柳の木があったからとも、柳の木で樽をつくったためともいわれている。他に「小原」と号した五条烏丸「梅酒屋」の酒も有名であった。

『蔭涼軒日録』文正元年（一四六六）七月四日条は、柳酒屋が毎月幕府に納める税金が六〇貫、年間七二〇貫にも達する大きな酒屋であったと述べているが、これは幕府の年間収入の一〇分の一に相当する。永享九年（一四三七）に東寺の僧侶たちが大和在陣中の武将飯尾為行に酒と餅を贈ることを議決したが、その酒が「柳酒」であった。やがて模倣する者がふえたため、中興は自らを「大柳」と称した。その後、戦国時代末頃までの公卿の日記には、贈答品としてしばしば「柳」の名前を見出せるが、文禄・慶長年間ともなるともうほとんどなく、この間に衰退してしまったものらしい。

京都では、江戸時代初期にはすべての酒にいかにも都らしいみやびな銘がつけられていた。京都の酒屋は日本における最初の都市型酒屋だったが、酒屋の多くは、土倉（どそう）酒屋といって金融業者を兼ねており、中には私兵を擁する者まであったから、一揆の折には真っ先に襲撃を受けることになった。

小野晃嗣は応永三二年（一四二五）の「洛中洛外酒屋名簿」をもとに、詳細な分布図を作成している（図21）。以後応仁の乱までの約四〇年間、酒屋数に大きな増減はなかったものと思われる。

当時の京都市街地は、上京と下京に細長く分かれており、多くの酒屋が北は一条大路から南は七条大路あたりまで、東は東京極大路から西は大宮大路あたりまでに密度高く分布していた。大宮大路以西はもともと低湿地で、酒屋はほとんどない。市街地に小さな酒屋が数多く存在したのが京都の特徴だった。

中心部の烏丸通の東西で、堀川の伏流水が得られた。現在も旧市内に残る酒屋の一軒もこのあたりにある。また当時は洛外だったが、東は鴨川を越えた清水寺、祇園八坂神社、建仁寺門前にも酒屋が密集し、応永二六年（一四一九）に麹室の破却を命じられた酒屋五一軒中一一軒が清水寺付近にあった。洛西では御室仁和寺門前、天龍寺、二尊院、臨川寺など大きな寺の並ぶ嵯峨谷にも多数の酒屋があり、合計三四二軒もの酒屋があった。

酒づくりに必要な麹は、室町時代のはじめから北野神社の神人（じにん）（神社の雑務を行なう下級神職）が製造の権利を独占する「麹座」があった。麹座については、やがて自らも麹をつくりはじめた酒屋と、

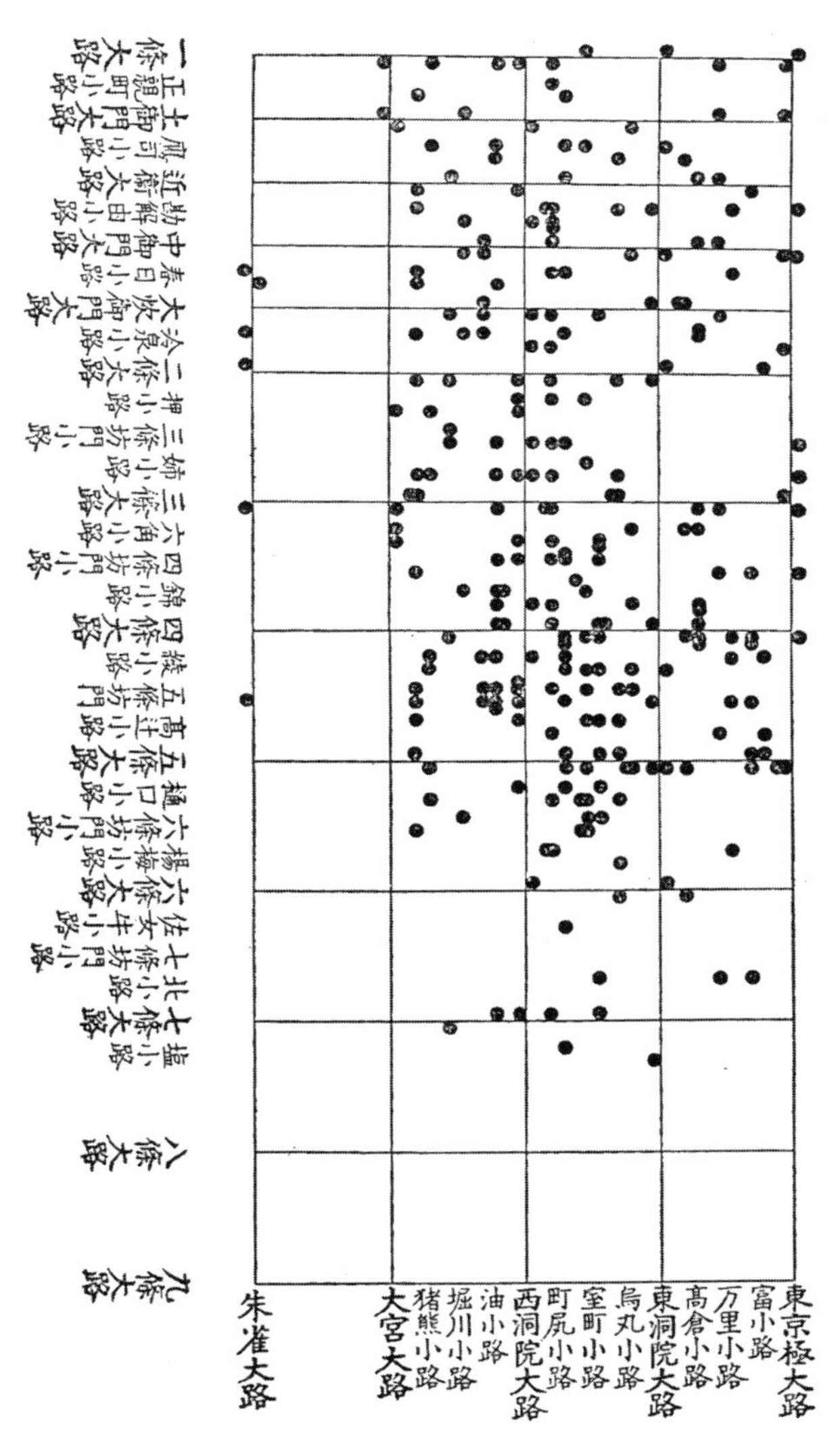

図21　京都の酒屋分布図（小野晃嗣『日本産業発達史の研究』110頁より）

従来の独占権を主張する北野神人との争いが激化した。応永二六年（一四一九）、室町幕府は北野麹座に麹の製造販売に関するすべての権利を与えることを決定し、これに従わない酒屋の麹室は、幕府がすべてを破却した。しかし北野神社神人と酒屋の争いはやがて比叡山延暦寺をも巻き込む争いに発展し、文安元年（一四四四）北野神社にたてこもった神人に対して幕府は鎮圧の兵を差し向け、死者まで出る「文安の麹騒動」となったのである。結局酒屋側が勝ち、京都における麹座はその後衰退していった。

酒づくりにおいて必須の工程である麹づくりは、当初麹座と酒屋の分業体制だったが、やがてすべてが酒屋によって行なわれることになるのである。

幕府の酒造統制

酒造業は、他の手工業とちがって原料の購入費、生産設備に相当の費用を必要とするので、業者は富裕階級の者が多かった。

室町時代の酒屋の規模はどれくらいだったのか。当時の酒は、夏酒、冬酒の二回に分けてつくられ、醸造容器にまだ桶は使われず、主に容量二－三石の甕または壺であった。小野晃嗣は、酒屋が所有する甕の数をもとに醸造規模を推計し、最小三二－四八石、最大一五六－二三四石としている。甕による醸造は規模が小さいので、このくらいが妥当な値と思われる。また大きな酒造業者は、一人で複数の酒屋を経営した例もある。

造り酒屋は、「壺銭」と称する酒壺一つ当たりの税金を幕府に納める義務があった。所有する土地に課される税金よりも、壺銭など営業税収入の方が幕府歳入に占める比率は高かったから、財政が困窮していた幕府にとって、土倉酒屋からの税金、造り酒屋の「酒役」、味噌屋の「味噌役」などは、貴重な税収源だった。やがて小売りを行なう「請酒屋（うけざかや）」もふえてきたが、当初は税金を納める必要がなかった。すると請酒屋と称しているものの、その実態は造り酒屋、金融業であるという者がふえた。

「応仁一乱ニ土倉酒屋三百余ヶ所断絶」といわれたように、京都を主戦場とした応仁の乱によって三〇〇軒もあった洛中の酒屋は大きな被害を受けた。その後に俗に「田舎酒」とよばれた京都以外の酒が入ってきて、京都酒と、田舎酒を販売する請酒屋との利害衝突が生じる。以後京都の酒造業は、常に田舎酒との競合になる。幕府は「検注」という制度を定め、請酒屋の調査、請酒税の徴収を行なって対処した。

手づくり酒

室町時代の公卿や僧侶の日記を見ると、自分の屋敷や寺において正月用の酒を甕で手づくりしていた記録がいくつかある。

中流公卿山科（やましな）家の当主は、自家の雑掌（ざっしょう）（荘園管理の実務者）から手づくり酒一瓶をもらっているし、応仁の乱をはさんで一五世紀末頃まではたびたび手づくり酒の記録がある。大体一〇月中旬から年末にかけて酒をつくった。技術の詳細はあまり明らかではないが、蒸米に対する麴の比率が比較的高いこと、自家用であるから、醪の総量は甕一個に入る二石程度だったと思われる。京都の醍醐寺でも正月用の酒を醸造した記録がある。奈良興福寺の塔頭（たっちゅう）多聞院でも、一六世紀半ばの永禄から天正年間にかけて、七月末から一〇月に濁り酒をつくっている。

寺では宴会には品質の高い酒屋の清酒を用い、使用人の慰労などには早づくりの濁り酒を提供したのであろう。

地方の酒

室町時代末頃から、京都の中心部である「洛中」以外の「辺土（へんど）」の酒もさまざまな日記に登場しはじめる。公卿山科家当主の『言国卿記（ときくにきょうき）』、雑掌の『山科家礼記（やましなけらいき）』にも鳥羽（現・京都市伏見区）から酒をもらったり、「伏見」に樽代を支払った記録があって、このあたりでも酒がつくられていた。

慶長四年（一五九九）の『多聞院日記』には、「伏見樽」の名前が見え、後述するように城下町の伏見で商業的に酒づくりが行なわれていた。

それ以外の酒は、やや軽侮を込めて「田舎酒」とよばれていたが、応仁の乱による京都の荒廃、人々の地方への疎開があり、力をつけてきた「田舎酒」が逆に京都に流入しはじめたのである。戦国時代末の地方酒としては、以下のような酒が有名だった。
「大津樽」——現・滋賀県大津市産の酒
「摂州酒」「平野樽」——現・大阪市平野区産の酒
「雲州酒」——現・島根県産の酒
「尾道酒」——現・広島県尾道市産の酒
「江川酒」「伊豆酒」——現・静岡県伊豆の国市産か

蒸留酒

対外貿易が盛んになると、時には珍しい外国産の酒も入ってくるようになった。中国や朝鮮ではこの時代すでに蒸留酒をつくる技術が発達していた。琉球では一五世紀末から泡盛が、九州では一六世紀半ばから焼酎がつくられはじめている。

公卿山科教言の『教言卿記（のりときぎょうき）』応永一三年（一四〇六）一〇月一三日条には、「唐酒小壺ニ入テ予ニ呑トテ賜之、即受用、難有〻〻」と、教言が大感激して賞味した記述がある。この時期、明からの貿易船がたびたび尼崎に入港しており、教言は将軍足利義満から土産酒をもらったのであろう。中国酒輸入の最古記録と思われる。

教言の子孫である山科言継が永禄六年（一五六三）に「焼酒（しょうちゅう）」を賞味した記録もある。

うになった。

一方味醂は原料に糯米、仕込水に焼酎を用いる甘口酒で、江戸次代以降主に料理用に使用されるよ

僧坊酒

先の手づくり酒とは別に、寺院が商業的規模で酒づくりを行なうようになるのは室町時代の初め頃からで、こうした酒を「僧坊酒」とよんだ。

僧坊酒の最盛期は一六世紀で、奈良では興福寺の諸塔頭、菩提山正暦寺、中川寺、河内では天野山金剛寺、観心寺、他には近江の百済寺（ひゃくさいじ）、越前の豊原寺などが有名だった。

天野酒（あまのざけ）

天野酒は、現・大阪府河内長野市の真言宗寺院天野山金剛寺でつくられていた酒である。金剛寺は行基の創建と伝えられ、南北朝時代は南朝の後村上天皇の行在所（あんざいしょ）がおかれた由緒ある寺である。近鉄河内長野駅からバスに乗って行くと、静かな山里に建っている。

「天野酒」の名がはじめて文献に登場するのは、伏見宮貞成親王の日記『看聞御記（かんもんぎょき）』（一四三二）であるが、その他北野天満宮の歴代社家による『北野社家日記』、『蔭凉軒日録（いんりょうけん）』などにも、京都の「柳酒」とならんで「天野一荷」、「天野古酒」などがたびたび出てくる。

『蔭涼軒日録』はこの酒の味について、「天野無比類」、「夜来先日藤左所恵之天野古酒試之。尤可口」などと絶賛している。当時人々に人気があったのは新酒ではなく「古酒」である。

豊臣秀吉はこの酒をこよなく愛し、当時は広く行なわれていた山灰添加による酸の中和をしないよう、金剛寺に書簡を送った。きわめて酸敗しやすかった当時の酒は、灰による酸の中和が一般的だったのである。しかし、保存性はよくなるが味が落ちる。織田信長や柴田勝家らの礼状も残っている。

その後金剛寺の酒づくりは江戸時代明暦年間に僧侶たちの決議によって中止された。この頃になると幕府による酒造統制もきびしくなってきたし、酒づくりは本来寺院の仕事ではないからである。

現在も「天野酒」という銘の酒が河内長野市でつくられているが、もちろん僧坊酒ではない。金剛寺には、かつて酒づくりに用いられた容量約二石入りの酒甕が残されているのみで、技術資料はないが、小野晃嗣が常陸佐竹家文書の中に見出した『御酒之日記』中に「あまの」という項があり、これによって内容をある程度推測できる。『御酒之日記』の成立年代についてはさまざまな意見があるが、永禄九年（一五六六）以前であることは間違いない。

「あまの」の特徴は、冬につくり、玄米を使用することである。また掛操作もまだ二段掛けで、他の中世酒同様、蒸米にたいする麹の割合が六割と高い。こうした酒はかなり濃厚な甘口酒だったと思われる。

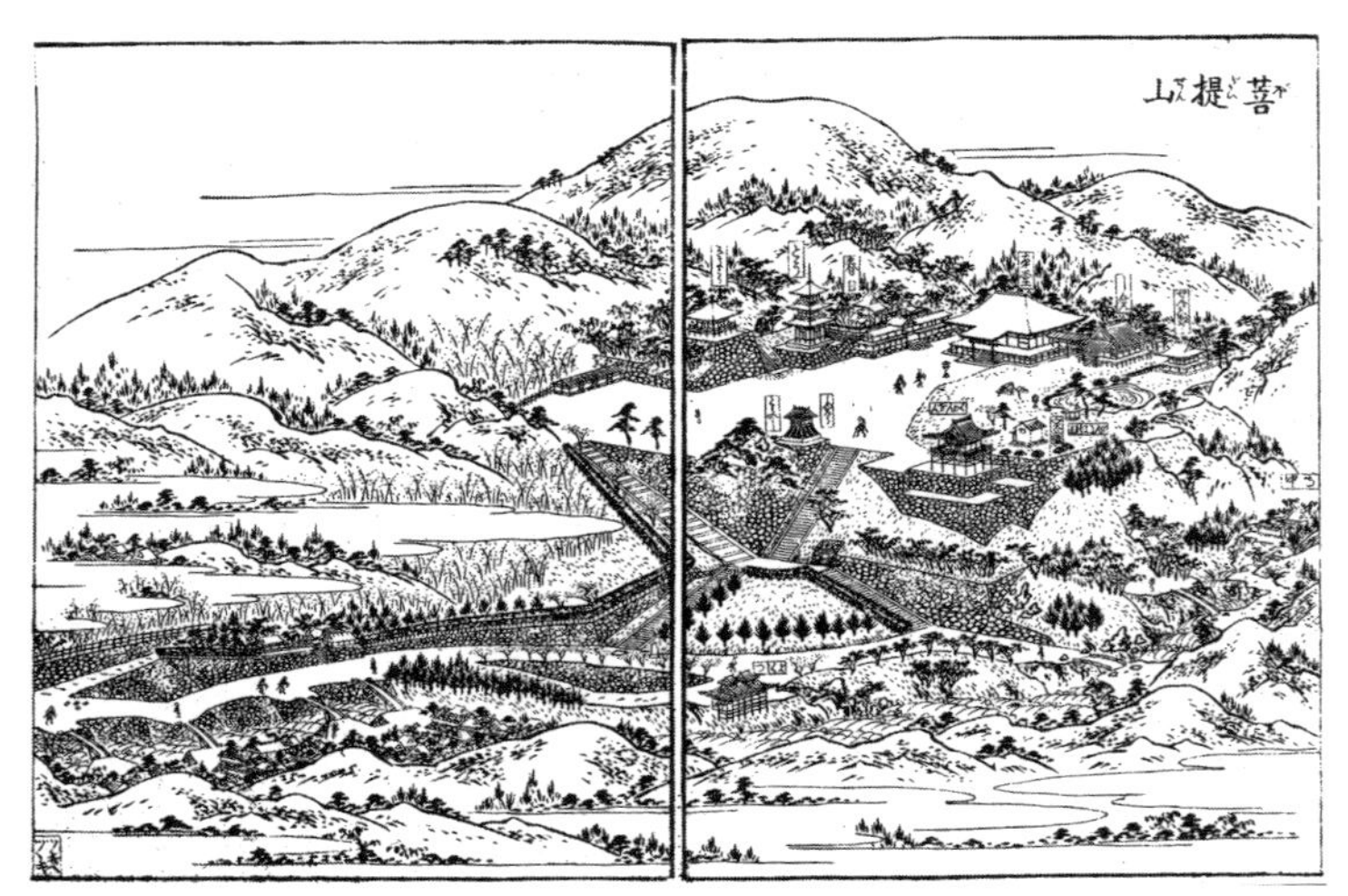

図22　菩提山正暦寺（秋里籬島『大和名所図会』1791年より）

菩提泉（ぼだいせん）

奈良の市街地から南東へ約五km、奈良市菩提山町にある菩提山正暦寺も古い寺で、創建は正暦三年（九九二）、やがて興福寺大乗院の末寺となった。古くから寺のそばを流れる清流菩提山川の水を用いて酒をつくっていた。飯をあらかじめ乳酸発酵させ、酸性条件の下で夏の酛つくりを安全に行なう方法を俗に「菩提酛（ぼだいもと）」というが、この寺の名前に由来する。

菩提酛の製法に関しては、先の『御酒之日記』にある、「菩提泉」の項で述べられている。菩提酛は、まだ残暑のきびしい季節に、短時間で安全に酒をつくる方法で、江戸時代まで広く用いられた。米の一部を取って飯にし、その後生米に漬けておくことで乳酸発酵を行なわせるものである。酒の品質は寒造りの酒には及ばない。最近奈良県の酒造メーカーが、ゆかりの菩提山正暦寺において共同で菩提酛を復活させて評判となった。

興福寺の酒造技術

しかし何といっても奈良では興福寺とその諸塔頭の酒が有名であり、『蔭凉軒日録』も「酒有好悪。自興福寺進上之酒尤可也」と称賛している。京都の東寺でも、寛正三年（一四六二）、評判の高い奈良酒を御前酒に決めている。

戦国時代の末頃、奈良興福寺の塔頭を中心に開発された新技術によって、日本酒はほぼ現在に近い姿になったと考えられる。①段掛け、②寒造り・諸白造り、③火入れ、の工程が開発されたのである。

段掛け

「段掛け」あるいは「添え」は、醪にすべての蒸米、麹を一度に加えるのではなく、数回に分けて加える操作をいう。

先の『延喜式』（九二七）など古代の酒は、アルコールが生成した後、醪を絹布などで漉し、そこに蒸米、麹、水を加えてアルコール度数を上げていく「しおり」とよばれる工程だったが、粘度の高い日本酒の醪では手間がかかる上、雑菌によって汚染されやすい欠点があった。

一方、段掛けでは多くの桶を使用する。小さな桶の「酛」からはじまって、次第に規模を大きくし、最後は容量一〇石程度の大型桶にいたる。添はふつうは三回で、最初は「初添（はつぞえ）」、次が「仲添（なかぞえ）」、最後は「留添（とめぞえ）」とよばれる。日本酒の「並行複発酵」とは、麹菌のアミラーゼによる糖化反応と、酵母によるアルコール発酵とが同時に進行することを指すが、原酒のアルコール度数は二〇度と世界の醸造酒でもっとも高い。

段掛けは先の『御酒之日記』にはじめて登場するが、当初の二段から、段数は次第に増え、中には五段掛けまであった。容量が小さな陶器製の甕では無理で、大型木桶が製造できるようになってからの産物と言える。

寒造り・諸白造り

毎年冬になると新酒の仕込み風景がマスコミでよく報道されるため、酒づくり＝冬というイメージがあるが、かつての酒は真夏を除きほとんど一年中つくられていた。酒はコウジカビ、酵母という微生物の産物だから、当然温度が高い方がよく増殖し、早くできる。しかし夏には雑菌の侵入による汚染、腐敗も起こりやすく、またたとえ早く完成しても、雑味の多い酒になりやすい。一方、冬は低温で発酵に時間を要するが、品質のよい酒となる。

奈良興福寺では試行錯誤の末、寒造りの酒が一番品質がよいという結論になったのであろう。江戸時代に入ると、酒づくりは幕府による酒造統制からも都合がよい寒造りに一本化されていく。一年中つくられるよりも寒造りだけにした方が実態を把握しやすいからである。

江戸時代の初め頃まで、「南都諸白」、つまり奈良でつくられる諸白(もろはく)は、品質優良な酒の代名詞だった。「諸白」、あるいは「両白」とは、蒸米、麹の両方に精白した米を用いるという意味である。原料米は精白するほど米糠などの不純物が除去され、雑味の少ないよい酒ができる。しかしながら精白といっても、当初は精米歩合が九割程度と、現在の飯米程度であった。

江戸時代には、酒の等級は「諸白、片白(かたはく)、並酒」だった。諸白に対して片白という語が使われるのは、江戸時代以降のことで、片白は濁り酒だとする説もある。

さて諸白は『多聞院日記』では天正四年(一五七六)が初出であるが、以後贈答品としてたびたび登場している。しかし高級酒のゆえか、容器は大型の樽ではなく、錫(錫製の容器)、瓶、徳利など小型のものに限られている。

天正一〇年(一五八二)五月、織田信長は甲斐の武田勝頼を滅ぼし、近江安土城に凱旋した。興福寺は、祝賀の宴に、諸白三荷(一荷は樽二個、人が天秤棒で担ぐ)と盃台を献上し、信長に称賛されたと同日記に見える。

京都の公卿山科家当主の日記によると、山科言経(やましなときつね)が興福寺松林院の僧侶から土産に諸白を何回かもらったという記述が登場するのは文禄四年(一五九五)一一月で、もう少し後のことである。

火入れ

また、冬につくった酒を旧暦五月中頃から六〇度程度の比較的低温で加熱殺菌して長持ちさせる

「火入れ」とよばれる技法も、ここで取り入れられたとされる。

興福寺の塔頭多聞院において、英俊ら三代の僧侶によって書き継がれた『多聞院日記』は、日本史研究の基礎的文献であるが、戦国時代末の酒造技術を知る上でも貴重である。ただし、あくまで日記なので、詳細が不明な点は推測するしかない。この日記には一六世紀半ば頃の永禄、元亀年間の酒づくりが比較的詳細に記録されている。新技術については、永禄一一年(一五六八)の夏酒から「火入れ」を実施し、同年の冬酒では「三段掛け」を行なっている。ただ後の時代とことなり、同規模での掛けをくり返していて、米の総量もまだ二石未満だった。

仕込み容器として用いられたのは主に壺であり、容量一石未満が多い。保温と作業のしやすさのため、酒づくりをする前に土中に壺を埋め込んだ記述もある。鉋や鋸など道具の発達にともなって木桶もこの頃からそろそろ用いられはじめているが、一般には土間に壺や甕を埋めていたようである。

醸造規模もまだ小さく、酒は自家用、贈答用が中心だった。多聞院で酒づくりにたずさわったのは、弥三という名の寺男だったことがわかっているが、彼も酒づくりが専門というわけでもなく、生活のため伊賀や東国などへ行商にも出かけている。多聞院の酒づくりが商業的な規模になるのは慶長四年(一五九九)のことである。これは多聞院を中心とする興福寺の諸塔頭、大和郡山の酒屋「ヲカヤ」、京都伏見の酒屋との共同事業らしく、寺男の弥三を中心に新三郎、与介、藤らも酒づくりにかかわり、弥三はたびたび京都伏見へ出かけ酒づくりをしている。

この年の春酒は日記の記者が、「上々ニ出来候、去年ニ替可安堵候」と安心しているように、弥三が手がけた酒でも最高の出来ばえだった。奈良の酒、伏見の酒を両方飲み比べてみたり、伏見で購入したアラレを酒に加えて「霰酒」をつくったりした。霰酒は江戸時代まで奈良の名産品だった。この年は関ヶ原合戦の前年であるが、桃山大地震で倒壊した伏見城も再建され、伏見の町が繁栄した時期にあたり、酒の需要も多かったのであろう。

僧侶の飲酒

宗教者は建前としては飲酒を禁じられており、仏教の百八の戒律の中には当然「飲酒戒」もある。禅寺の入り口には「不許葷（ニラ、ラッキョウ、ニンニク、ショウガなど香りの強い野菜）酒入山門」の禁札をよく見る。しかし人間は誘惑に弱く、いつの時代も建前と本音はちがうのである。

正月用につくる自家用酒、神仏習合で寺院内の神社に供える酒も、次第に日常的に飲まれるようになり、やがて寺では連日の大酒宴となってしまうのである。

たとえば南北朝時代の延文三年（一三五八）、京都の東寺では寺院内外での碁、双六、僧坊に女人を入れることの他、飲酒を禁じている。僧坊における戒律の乱れを示す禁制である。

その真贋についてはいささか議論もあるが、真言宗の宗祖弘法大師空海の『御遺告』において空海は、「病を治す人には「塩酒」（塩と共に酒を飲むこと）を許す、またどうしても酒を用いねばならぬ時は、酒瓶でない別の容器に入れて、茶にそえてひそかに用いよ」と述べている。酔うのはいけないが、薬として飲むのであれば許される。しかし延文三年の布告は、近頃大師の遺戒はすたれて飲酒は、

「高声強言放逸濫吹、逆耳驚目、道俗軽賤之基、修学怠堕之源」の有様だと嘆いている。しかしこの禁制も、一切禁止されている僧坊と、「秘用（茶とともに飲むことか）」は許している僧坊があるのが面白い。飲酒の弊害はここまでひどかったが、綱紀の粛正はむずかしい。

『多聞院日記』を読めば、戦国時代の奈良興福寺の僧侶たちも、まことに見事な飲みっぷりである。大体自分で酒づくりをしていれば、ちょっとだけ味わってみよう、いやもう少しだけと、だんだん酒量もふえようというものである。寺の塔頭間でも酒の貸し借り、販売はよく行なわれ、値切り交渉もなかなかにきびしい。

慶長四年（一五九九）などは飲まない日の方が珍しい。酒がもとの病気、「酒損」ゆえに死亡した僧侶もたくさんいた。胃潰瘍だろうか、おびただしく血を吐いて死んだとある。日記の記者は、昼夜にわたって大酒を飲んでいたからだ、心配していた通りだと感想を残している。

公卿と酒(11)

室町時代から戦国時代にかけて、人々はどのようにして酒を飲んでいたのだろうか。庶民に関しては、先に紹介した狂言や職人歌合から、河原の市において手づくり酒が販売されていたことがわかる程度であるが、貴族や僧侶については、彼らが残した日記をもとにくわしい情報が得られる。

山科家は中流公卿であるが、室町時代初期から江戸時代初期にかけて、約二〇〇年間にわたる代々当主の膨大な日記が残されているので、これをもとに当時の食と酒について考察してみよう。歴代当主の中では、言国（ときくに）と言継が大変な酒好きであった。一四六七年からほぼ一〇年間にわたり、京都の町を焼野原にしてしまった応仁の乱であったが、戦況がやや落ち着きを見せはじめた文明年間、将軍足利義政は連日の飲酒、遊楽にふけることが多かった。政治的には混乱した時代でも、文化は花開いた。宮中でもたびたび宴会が開かれ、義政、言国らも参内したが、当時「十度飲み」、「十種酒」という遊びが流行した。

十度飲（とたびの）み

大盃で一〇度酒を飲む遊びである。一〇人で一組をつくり、その真ん中に一〇個の大盃を置く。盃には酒を入れる位置を示すため、墨で印をつけておく。一人ずつ、一〇個の盃に注がれた酒を全部飲み終えたら、次の人に盃を廻す。これを「まわり酌」という。盃を受け取ってから、銚子を次に回すまでは、物も言わず、肴も食わず、口をぬぐってもいけない。そんなことがあれば、罰として罪をつぐなう「咎落（とがお）とし」を飲ませられるというから、きびしい。

全員が早く飲み終えた組の勝ちとなる。若くて酒豪だった言国は、早く飲み終えたのか、その後も飲まされている。今ほどアルコール度数が高くなかった当時の酒でも、一〇盃とは大変な量であり、相当自信がなければ参加できるものではない。

他に「鶯飲み」という競技もあるが、これは二人が出て、酒一〇盃を早く飲んだ者の勝ちである。

十種酒

十種酒の起源は香道の「十種香」といわれ、また茶にも「十種茶」がある。参加者をまずくじ引きで左右一〇人ずつの二組に分ける。一〇種類の酒を飲むのではなく、合計で一〇点唎き酒をするのである。あらかじめ三種類の酒を味わってその特性を記憶しておく。

次は銘柄を隠して、この三種類の酒が順不同で三回ずつ、三×三＝合計九回注がれる。さらに「客」とよばれるあらかじめ唎き酒しない酒を一点加えて、合計一〇点を唎き酒して結果を用紙に記入する。正解の数を数えて勝者を決める。これは酒に限らず、いろいろな飲食物を使って遊べそうである。当てたからといって、大して自慢できるものでもないが、舌と鼻の感覚を鍛錬するのには役立ち、究極の食文化の遊びと言えそうである。

文明六年（一四七四）三月二八日、宮中における十種酒には足利義政夫妻も参内した。この日はあまりに人が多くて入れない者まであり、昼頃から翌日午前二時頃まで延々と酒を飲んだ。それだけで終わらず、勝負に負けた者は翌日また召された。酒宴半ばに琵琶、琴、笙で太平楽が演奏された。

この時代の御所の荒廃はひどかったが、酒宴や茶会はたびたび開かれた。桜の花を茶に浮かべる優雅な「桜花呑み」があり、夏には朝顔の花見でも飲んでいる。

酒迎え

「酒迎え（さかむかえ）」、あるいは「坂迎え」は、本来寺社参詣などの長旅から戻ってきた人を途中まで出迎え、その無事を祝って酒食で饗応することである。京都では伊勢神宮に参詣する人を粟田口（あわたぐち）まで送り、帰りは逢坂山まで迎えたという。これもだんだん酒を飲むための口実にされて、ごく近くの寺へ参詣する時も行なわれている。

公卿山科言国（やましなときくに）は若い頃近江坂本に住んでいた。文明六年（一四七四）五月に坂本から一晩どまりで石山寺に出かけたが、帰ってくると悪友たちが「湯桶（ゆとう）（湯や酒を入れる漆塗りの容器）」を用意してさっそく酒宴がはじまった。その後は「かやし」という、返礼を行なうのがふつうで、翌日も朝から本格的な酒宴を開いている。まったくあきれるほどによく飲んだ。

言国は近江坂本から京都へ行く際は山中（やまなか）越えの道を通ることが多かったが、途中でもよく飲んだし、酔って宮中で腰刀を紛失したこともある。妻の実家で大酒を飲んで酔って道でころび、背負われて帰宅するなど酒の失敗が多かった。お守り役の雑掌大沢久守が健在なうちは、たびたび意見をされている。

山科家では酒は酒屋から購入するほか、正月酒を秋のうちから自家醸造したこともあった。九月九日の重陽の節供、男の子は元服の祝いやはじめて袴を着る「着袴」の祝い、女の子では元服に相当する「鬢（びん）そぎ」の祝いなど、節目節目に祝い事があり、鯛、昆布、熨斗（のし）などの肴と共に酒が出された。

言国はたびたび断酒を誓うのだが、友人が銚子を持ってくると、つい誘惑に負けてしまう意志の弱さがあった。長男定言を若くして強盗に殺されてしまった際にはさすがに断酒を誓い、精進食にしたが、晩年洛北の鞍馬寺を参詣するようになると、また大酒飲みに戻ってしまった。鞍馬寺では持参した酒で酒宴、帰りの路上でも沈酔、平臥してしまう有様だった。長年続いた大量飲酒のためにとうとう中風をわずらうようになったが、それでも節制することはなく、文亀三年（一五〇三）、五二歳の若さで病没した。

この言国の二男、言綱の息子が言継である。彼の『言継卿記』は、大永七年（一五二七）から天正四年（一五七六）まで約五〇年間にわたって書き続けられた膨大な日記であり、京都を中心とした政治情勢、公卿や武士、庶民の日常生活の記録などが書きとめられている第一級の資料である。

公卿といっても山科家はまことに貧乏だったが、言継は酒には目がなく、よく飲んだ。「一期は夢よただ狂へ」というわけか、若い頃は宮中の花見や郊外賀茂、嵯峨野の花見で飯を食べ、酒を飲んだ。日記にはよくこの「狂ふ」が出てくる。「狂ふ」とは激しく我を忘れて遊びふざけるといった意味であろう。今では日本人の飲み方もおとなしく、きわめてマナーがよくなったが、つい数十年前まで花見酒といえば、熱狂的なすさまじい雰囲気があって、喧嘩がつきものだった。

さて言継は代々の山科家当主の中では、私用、公用をふくめもっとも遠くまで旅行をしているので、当時の地方における食と酒に関する情報も多く得られる。二五歳の時には、尾張の守護代織田家に和歌と蹴鞠の伝授に出向いた。貧乏公卿の出稼ぎである。中年になってからは、当時駿河の今川義元のもとに身を寄せていた養母を訪問するため、駿府（現・静岡市）へ出向いた。また老年になっての最後の大旅行では、岐阜城の織田信長のもとに出向き、後奈良天皇一三回忌のための費用を献金してくれないかと依頼している。

この時は琵琶湖を夜行船で渡り、残りほとんどの行程は馬に乗った。宿場、馬も、まだ江戸時代のようには整備されておらず、急峻な峠越えルートが多く、旅の苦労は大きかった。

それでも酒好きの言継は、旅行中も機会さえあれば酒を飲んだ。まず出発にあたって家族と別れの盃を交わした。駿府行きの際は、船で三河湾を横断したが、船中でも酒を欠かさない。駿府まで一四日間も要した。ここでは「伊豆酒（後の江川酒か）」のほか、東海道三つ坂名物の「蕨餅（わらびもち）」も賞味したが、すでに素材は蕨ではなく葛餅であった。

この言継の息子言経（ときつね）は、勅勘（ちょくかん）（天皇のおとがめ）をこうむり、京都を追われ大坂で町医者として生きる数奇な運命をたどることになるが、町人の暮らしぶり、大坂の町については日記『言経卿記』に詳しい。

武士道

一六世紀半ば頃に成立した『大草殿より相伝之聞書』には、三献の儀、出陣、帰陣の酒と肴についてくわしく解説されている(12)。

三々九度の盃は今日では神前結婚式くらいになってしまったが、基本的には古来の祝宴における

「式三献」を継承している。

一献とはその都度必ず肴がつくものであり、肴なしの盃ではない。室町時代、めでたい祝いの魚はまず鯉、それがなければ「名吉（なよし）」（ボラのこと）、あるいは鯛であった。鯉を食べると盃に酒が注がれる。二献目の肴は雑煮、酒はここから燗をする。三つ重ねた土器（かわらけ）でそれぞれ酒を三回ずつ、合計九回飲む。飲み終わった盃は一番下に重ねる。

宴会の人数は三人以外にはなく、どうしても無理なら五人はかまわない。ただし、四人、六人はない。これも陽の奇数を尊び、陰の偶数を忌むことからきているのだろう。

武士の出陣にあたっては、肴は縁起をかつぎ「打って、勝って、喜ぶ」にかけた打ち鮑（あわび）、搗栗（かちぐり）、昆布を、また帰陣の際は勝って、打って、喜ぶの順となり、同じ肴が供された。打ち鮑は、のし鮑（熨斗鮑）とも言い、鮑の肉を薄く長く切り、のばして干したもの。勝ち栗（搗栗）は、栗の実を殻のまま日に干して搗いたものである。

盃は三つ重ねの土器（かわらけ）、また酒の酌は「長柄（ながえ）の銚子」と「加えの提（ひさげ）」で行なう。これも三献、三々九度の盃である。貴人が肴を食べたら、酌人は盃に酒を注ぐ。この際、左足あるいは右足のいずれから踏み出すかなど、細かな規則がある。銚子から盃に「ちくちくと」二度注ぎ、三度目は加えの提から注ぐ。酒を飲み終わったら、盃は一番下に重ねる。したがって三献が終われば、盃は元の順番どおりの三つ重ねになる。

帰陣の際も酒は二献目から燗酒となる。

しかし泰平の世ともなると、戦場における武士の作法がどんなものであったのか、わからなくなってしまった。そこで有職故実家による解説となるが、伊勢貞丈（一七一七―八四）がまとめた『軍用記』[13]がある。この本には先の出陣、帰陣における盃事がくわしくまとめられているうえ、さらに首実検と切腹作法に関する記述が興味深い。

討ち取った敵将の首には相応の敬意が払われ、髪を結い、化粧が施される。首実検が終わると、討ち取った人が首に酒を飲ませるまねをする。折敷（おしき）に土器二枚を重ね、昆布一切れがおかれる。まず昆布を取って首の口によせ、次に盃に酒を二度注ぎ、首に飲ませる真似をしてから、折敷の脇にうつ伏せて置く。もう一度盃に酒を二度ずつ注ぎ、二献で合計四度、首に飲ませる。また「左酌」といって通常とは逆に左手を先にして銚子をもつ。酒を注ぐ回数は偶数回であること、酒盃をうつ伏せにおくこと、左酌にすることなど、慶事の盃とはすべて逆になっている。

罪人を切腹させる前にも、最後の盃を取らせる。ふつうは肴、盃の順だが、この際は逆に盃、肴の順である。切腹する者には、折敷に土器二枚と香の物三切れ（身切れに通じる）が、「あひしらひ」（応対する者）の侍には香の物一切れ（人切れに通じる）が供される。切腹する者には二盃で二度ずつ合計四度、左酌で銚子から酒を注ぐ。「あひしらひ」と、切腹する人を介錯する「切り手」には、ふつうの酌で三度注ぐ。ここで「思ひかえしの盃」というのが面白い。「思ひかえし」とは気持ちをひるがえすことである。腹を切る人に酒をはじめさせてから、あひしらひが一口飲んで盃を下に置き、やがて思いかえしに切り手にさす。切り手が飲み終わらぬうちに、あひしらひは席を立つのである。

このように首実検や切腹時の偶数個の盃、偶数回酌をすること、盃をうつ伏せにする、左酌、思いかえしの盃などは、常の宴会ではきわめて忌むべきこと、不吉なこととされる。

外国人による日本酒の評価 一

ここで少し視点を変えて、外国人から見た日本酒の姿を見てみることにしよう。

一五一七年のマルティン・ルターによる宗教改革以後、カトリック教会による反撃、失地回復を目的として設立されたのが、イエズス会である。イエズス会の修道士はきびしい戒律と修行に耐えて、宣教のため世界各地に赴いた。

日本にやってきたのはフランシスコ・ザビエル（Francisco de Xavier 一五〇六―一五五二、滞日一五四九―一五五二）が最初であるが、彼らは一様に日本人の勤勉さ、道徳、知的水準の高さをわれわれ日本人がいささか面はゆいほど称賛している。一方日本人の食生活に関しては、彼らが布教をしたのが主に貧しい九州の村々であったことを考慮に入れても、日本は食材に乏しい貧しい国といった、きわめて低い評価しか下していないのは残念である。

宣教師の滞日期間は数十年の長期にわたる場合もあり、報告は直接の見聞をもとにして書かれたものが多く、また日本人とは物の見方がことなるので、新鮮な驚きを受ける。

以下はザビエルが一五五二年一月、ロヨラに宛てた手紙の一部だが、これはおそらく日本酒に関す

図23　安土桃山時代の宣教師たち（狩野内膳筆「南蛮屏風」神戸市立博物館蔵）

る海外に向けた最初の報告であろう。

日本の主要大学なる坂東は遠く北方に在り、他の諸大学も同様なるがゆえに、厳しき寒気に遭ふべし。寒地に居住する者は才智あり鋭敏なり。ただし米のほかに食ふべき物なし。また小麦、各種の野菜その他滋養分少き物あり。米より酒を造れるが、そのほかに酒なく、その量は少くして価は高し（村上直次郎訳『イエズス会士日本通信　上』三九、雄松堂、一九六八）

大学とは、関東の足利学校のことを指しているらしい。日本酒は貴重な食料である米からつくると指摘している。

続いて来日した同じイエズス会士のフロイ

ス（Luis Frois　一五三二―九七、滞日一五六三―九七）も多くの記録を残している。フロイスの『日欧文化比較』（一五八一）には日本の酒に関する記述が数か所あるが、拾い上げてみよう。彼には日本の風俗習慣が、すべて本国とはあべこべに映ったようである（岡田章雄訳注『ヨーロッパ文化と日本文化』岩波書店、一九五一）。

「われわれの間では葡萄酒を冷やす。日本では［酒を］飲む時、ほとんど一年中いつもそれを暖める」。世界に数ある酒の中でも、燗をして温める習慣のある酒はごく少数派である。

「われわれの葡萄酒は葡萄の実から造る。彼らのものはすべて米から造る」。やはり米からつくる酒が珍しかったようである。

「われわれの葡萄酒の大樽は密封され、地面に横たえた木の上に置かれる。日本人はその酒を大きな口の壺に入れ、封をせず、その口のところまで地面に埋めておく」。日本では樽は縦置きだが、横置きで酒を一杯に満たすのがヨーロッパ式である。彼が見たのは樽ではなく壺だが、保温のために壺や甕を地面に埋めることは当時日本各地で行なわれていたようである。

ロドリゲス（Joãn Rodriguez　一五六一？―一六三四）もイエズス会士であるが、来日は一五七七年頃らしい。かれは非常に日本語が巧みで、通称ロドリゲス・ツヅー（ツヅーは通訳の意）として知られている。一七世紀初頭、イエズス会はそれまでの教会史をまとめる必要に迫られ、一六二〇―二二年頃に『日本教会史』を編纂した。同書の記述は長期間滞日したロドリゲス自身による見聞が多い。また教会だけにとどまらず、総合的日本研究を含むきわめて信頼度の高い記録である。

日本の酒と宴会については、第一部第一巻第二五―二八章あたりが詳しく、日本人が外面の美しさを大変重んじ、多大な注意を払っていることを指摘している。

第二六章「訪問客に対してなされる主要な第一の礼法である酒と肴で招待する方法について」の冒頭では、以下のように述べる。

この異教徒の目的は、主に酒で「飽食し、酩酊し、」腹をみたすことにあるようなので、すべての宴会、遊興、娯楽は、さまざまの方法で度がすぎる程酒を強いるように仕組まれており、そのため酩酊し、多くの者が完全に前後不覚になってしまう。

これは『新約聖書』「ローマの信徒への手紙」第一三章一三―一四節において、パウロが語った言葉、「日中を歩むように、品位をもって歩もうではありませんか。酒宴と酩酊、淫乱と好色、争いとねたみを捨て、主イエス・キリストを身にまといなさい。欲望を満足させようとして、肉に心を用いてはなりません」を踏まえたものである。聖職者にすれば酒宴と酩酊は悪であり、もっともな見方だ。日本人が宴会においてとにかくよく酒を飲むと述べている。また、「大酒を飲むように勧めるために、悪魔が日本人に教えた数々の工夫や方法を見ると、甚だ驚くべきものがある」との指摘もある。『徒然草』にもあったように、飲めない者にも酒を無理強いし、言い訳も聞き入れてもらえないのである。さらに、二六章では、要約すると、

図24　両口銚子から酒盃に酒を注ぐ（一条兼良詞書『酒飯論』1798年，国立国会図書館ウェブサイトより）

酒宴において、主人と客のどちらが先に酒を飲みはじめるか、お互いどうぞお先にと譲り合う、半ば儀礼化したさまざまなやり取りがある。

同じ盃から酒を互いに飲み交わすことは中国にはなく、日本独自の習慣である。その意義については、礼法と友情のしるしとして役立つ、もし相手の飲んだ盃を受けようとしなければ、敵意をもつか交際したくないというしるしとなる。その他、和解と心の結合のしるしにもなる。さらに陰謀をたくらむ、同盟を結ぶ、約束事をして忠誠を誓う場合などは、互いに手の指を傷つけて流れた血を盃に入れて共に飲んだりする。

などと述べている（図24）。

たしかに同じ盃から酒を飲むことは、こうした意味があるのである。

酒宴で用いられる盃には、大別して二種類ある。一つは広く用いられている漆塗りの盃であり、驚くほど豪奢に金粉を散らし、花模様を表わしている。盃は漆塗りの台にのせて運ばれる。

もう一つは儀式や祝祭に用いられる陶土を瓦色に焼いたもので、何の装飾も施されていない。この盃（土器）は一度使ったら捨てる。未使用のものは、檜の白木でできた四角い台（三方のこと）に載せておく。

式三献でふつう行なわれる、盃を三つ重ねる「重ね盃」の他に、今日では行なわない、盃を横に三つ、あるいは五つ置く「三つ星」、「五つ星」というしきたりが当時あった。飲む順序についてもまことに詳しい。宴会において日本人は、外面的な接待の美しさと上品さを重んじるとも書いてある。

第二八章「訪問の際に出される熱い酒と冷たい酒、および日本人が酒を造る材料について」も、日本の酒の特徴をきわめてよくとらえているので、やや長くなるが引用する。

これらの訪問にまた酒宴に出される酒、日本人がその王国で一般に用いている酒について、今述べておくのがよいであろう。まず、どんな方法の招待にも出され、王国全土に共通して使われる酒について、日本の古来正真の流儀によれば、第九の月〔旧暦九月〕の九日から翌年の第三の月〔旧暦三月〕の三日まで、すなわち九月から三月までは必ず熱い酒〔燗酒〕を用いる。ただし、前に言及したように正月の訪問に出る最初の酒は例外である。一年のその他の時季には本来冷酒を用いる。もっとも、現在では一年中あらゆる時季を通じて皆の者が熱い酒を一般的に用いるので、今は、この点についていえば一定した一般的のことではない。この習慣はシナ人も守っており、その招宴や遊興や平素の食事に、一年中常に熱い酒を用いる。

シナにも日本にもさらにこの東方には葡萄園がなく、葡萄の実で造った酒もないが、王国全土に共通した日本の酒はすべて米から造られる。その米を湯気に通した上で、それにその米から造られた一種の酵母を混ぜ、米の一定量に一定量の水を加え、いくつかの木桶〔tina〕または非常に大きなマルタヴァンの壺〔jarra. ミャンマー南部マルタヴァン製の良質な陶器〕に入れるだけであって、その中で酒に変わるまで数日間発酵させる。それを亜麻布の袋に入れて、圧搾器のようなもので搾ると、しぼり糟は一つの大桶〔dorna〕にある袋に残り、［その液は］大桶から容器に集められ、飲み物として、非常に適度で胃によい酒となる。もしも葡萄酒のようにたくさん飲むと、葡萄酒ほど早くは胃の中で消化されないので、その酔いは長い間続く。よい味を持っているけれども、血液に非常に近い本当の葡萄酒とはその効力が違っている。シナや日本で米から造るこの酒は、造られる方法、それに要する多量の水、また王国の諸所で造られるその場所により、われわれの間におけると同様に、種類や味がいろいろある。そしてわれわれの間にも、葡萄の実により、栽培する土地によって、葡萄酒のポルトやセストにいろいろな種類があるのと同じく、彼らの間にも、土地によってさまざまな種類の酒があり、また酒を造る材料が精白米か、搗いてない米かによって、味の種類もいろいろある。また、同じ材料を使って造るのにも、流儀と混ぜ具合とでそれぞれ違ったものができる。彼らの酒宴と招待には、常に最良で有名な酒を手に入れようとし、遠方の土地の有名なものを前もって取り寄せておく。また、いっそう歓待するためには、万人が非常に珍重している有名なさまざまの土地の酒を勧めるのが習慣となっている。

われわれの間に穴蔵があるように、彼らの間にもきわめて大きな穴蔵があり、たいへん大きくて奇怪なほどの大樽がある。それらの大樽は非常に高いので、上部から酒を取るには梯子でのぼって行く。また、シナ、コーリア〔朝鮮〕および日本は酒の使用量があまりに多いので、日本では国土の産出する米の三分の一以上が造酒に用いられると断言できる。そのことが民衆の日常の食糧として十分な米がない理由となっている。もし酒、酢、味噌〔miso〕その他米を消費するいろいろな物を米から造らないならば、十分であろうに。(14)

日本では酒を温めて飲むきわめて特異な習慣があることをよく観察している。また、酒の醸造工程、穴蔵と巨大な酒桶も実際に酒屋で見たようである。酒づくりにさまざまな流儀があったこと、日本人が各地の名酒を入手しようと努めること、酒づくりのため国内で大量の米が消費されるという、日本独自の事情にも注目している。

日葡辞書からみる酒

『日葡辞書(にっぽ)』は、日本語に堪能なイエズス会宣教師たちが布教のために編纂し、一六〇三年に長崎において刊行された日本語―ポルトガル語辞書であり、三万二二九三語が収められている。(15)ポルトガル語式ローマ字綴りによっているが、発音表記は正確であり、また『平家物語』、『太平記』など日本の古典からの引用文例も豊富なすぐれた辞書である。一六三〇年にはマニラにおいてスペイン語に翻訳され、さらにフランス語に翻訳されるなどして、近代までヨーロッパの日本語学習者に利用された。酒、酒造道具に関する辞書の説明から、技術資料が乏しい一六、七世紀の日本の酒の実態をさぐってみよう。

まず酒の種類であるが、新しい酒「新酒」と古い酒「古酒」に分けられる。今日では古酒香(こしゅか)などといって、古い酒は歓迎されないが、戦国時代頃までは、古酒の方が高価で取引されていた。

清酒(xeixu)は、「澄んだ、漉した日本の酒」、「澄んだ、まじりけのない酒」、濁り酒(nigorizaqe)、あるいは白酒(facuxu)は、「濁ったような日本の白酒」である。濁醪(だくろう)(dacurŏ)という、今日ではあまり使われない語は、「白く濁っている、日本、またはシナの酒」である。

醪酒(moromizaqe)の意味も理解されている。「まだ搾っていない酒で、すでに酒の質に変化している米(もろみ)と一緒にまざっているもの」。

日本酒はこの頃から蒸米、麴米の両方に精白米を使用する諸白(morofacu)が高級酒として人気を集めるようになる。諸白とは「日本で珍重される酒で、奈良で造られるもの」。それまでつくられていた酒は片白(かたはく)であるが、この言葉は、江戸時代中期以降に一般化したようである。

奈良の霰酒(ararezaqe)、霙(mizore)、練酒(nerizaqe)、菊酒(qicuzaqe)、桑酒(cuuazaqe)、枸こ酒(cu-

cozaqe）などの薬酒も辞書に収められている。
酒屋（sacaya）は、「酒蔵、または居酒屋、また、酒を造ったり、売ったりする家」であり、酒林（sacabayaxi）は「居酒屋の門口に取りつけるもので、木の枝を束ねて箒状に作ったもの」。麹屋（cojiya）は、「酵母をつくる家、またはそれを売る家」で、かつては酒屋と麹屋は別の商売だった。酒蔵（sa-cagura）は「酒を貯蔵する地下倉庫」である。

以下酒づくりの工程順に、見て行こう。

酒の原料は酒米（sacagome）であり、これをまず蒸す。大きなご飯蒸しのような甑（coxiqi）で米を蒸す。「中に物を入れて根等の湯気と熱とで物を煮る（蒸す）のに使う一種の道具。すなわち、容器」。

蒸米は拡げて冷まし、麹（coji）をつくる。麹はヨーロッパにはないので、これをどう説明しているのか興味深い。麹（coji）は「日本で酒をつくるのに使ったり、ほかのものに混ぜたりする酵母」とある。また麹室（cojimuro）は、「酒造用の酵母を暖めるための一種の炉あるいは窯（のようなあつい室）」。

酛は酒母とも言い、文字通り酒づくりの元になるもので、アルコール発酵をする酵母を増殖させる工程である。酛（moto）は、「日本の酒を作り始めるもとになる最初の米（飯）。それは、あとからつぎ足される物が加わって、次第に量を増し、勢いづいて行く」。

次に「すでに酒になっているが、まだ搾っていない米」、醪（moromi）をつくる。蒸米、麹、水をふつう三回に分け、次第に醪の量を増やしていくが、この工程を「添え」とか「掛け」とよぶ。「添え（soye）」とは、「日本の酒を作るために、すでに仕込んである最初の飯に、新たに次第にさし加えていく飯」。実に正確に理解していることに驚く。

発酵が終了したら醪を酒袋に入れ、槽とよばれる容器に入れ、圧力をかけて搾り、清酒と酒粕を分離する。酒袋（sacabucuro）とは、「すでに酒になっている米を漉すための袋」であり、これを「酒を作るもとになる米を入れて搾る大桶」。酒槽（sacabune）中で搾る。今日も用いられる荒走り（arabaxiri）は、「日本の酒造場で最初に搾り取られる濁り酒」であり、残る粕（casu）は、「葡萄の搾り滓のように、物を搾ったあとに残る物、または日本の酒や油などに残る滓、または小麦などの糠」である。

火入れに関する語は見出せなかったが、これも永禄一一年（一五六八）以降実施されていたことは間違いない。

酒を入れる容器については、大きいものから順に、以下のようなものがある。

酒樽（xuson）：「酒の樽（saqeno taru）、酒の大樽（pirarote）、または酒の入った樽（barça）」

酒桶（saca uoqe）：「酒を入れるある容器で、桶または樽（barça）のようなもの」

酒甕（sacagame）：「酒を入れるのに使う壺」

酒壺（sacatçubo）：「酒の壺、あるいは、瓶」

指樽（saxidaru）：「ある種の箱または大箱で、通常は漆塗りしたもの」。この指樽は江戸時代に入るとだんだん使用されなくなったが、今日も博物館でよく見かける。

酒枡（sacamasu）：「酒の枡。酒を量るのに使う木製の量器」

酒柄杓（sacabixacu）:「ココ椰子（coco）の形をした一種の容器、柄がついており、酒を汲み取るのに使うもの」

錫（suzu）:「錫。また酒を入れるのに使う錫製の徳利、あるいは筒形の瓶」

瓶子（feiji）:「木製の酒徳利の一種」

第五章　江戸時代の酒

幕府の酒造政策と酒株

「米経済」とよばれた江戸時代、米価の調節は幕府にとって重要な課題であったから、大量の米を使用、加工する酒造業に対してはきびしい統制が敷かれた。

江戸時代の酒づくりの特殊性を理解するためには、まず酒造株（あるいは酒株）について説明しておく必要があろう。酒造株が最初に制定されたのは明暦三年（一六五七）といわれている。酒造人を指定して酒をつくる権利を保障するとともに、酒づくりで消費する米の量の上限を定めるもので、これを「酒造株高」という。酒造人には将棋の駒のような形をした鑑札が交付される。表側には酒造人の名前、住所（○○国○○郡○○村）、「酒造米高何石」、裏側には「御勘定所　印」が押されている。

酒造株は同一国内であれば、相続、譲渡、貸借も可能であるから、相続人がいなかったり、経営不振になったりした場合、近隣の有力酒屋がこれを買い集めて、規模を拡大することがしばしばあった。鑑札に表記されている以上の米を使用することは「過造」であり、原則できない。しかし酒造株高と実際の米使用量（酒造米高）とは一致しない方がむしろ普通であり、しばしば酒造米高が株高を大きく上回る事態が生じた。

幕府は両者の隔たりを是正するために、酒造株高と酒造米高の調査、把握を行なった。これを「酒株改め」といい、一七世紀後半には寛文六年（一六六六）、延宝八年（一六八〇）、元禄一〇年（一六九七）と立て続けに三度も実施されている。この時期は凶作が続いたせいもあるが、酒株改めの目的は酒造を制限するよりも、酒屋の造石高を正確に把握して課税を強化し、幕府財政の安定化をはかることにあったらしい。

酒株改めは実際にはどのように行なわれたのだろうか。多くの資料が残されている元禄一〇年の酒株改めについて見ると、大都市では地域の有力な酒屋が調査員に選ばれ、地方では村役人が担当した。まず酒屋が届けた石高を帳面に記載して判を押す。つくりかけ、売れ残った酒は、翌年の勘定に繰り入れる。三尺桶、四尺桶、壺代（酛桶）など酒造道具の数を調べ、焼印を押す。必要以外の桶は封印し、使えないようにする。また廃業、あるいは酒造道具を売却、貸借する者には届出をさせた。この時に調査した石高をもとにして、以後凶作年にはその「三分の一」とか、「五分の一」まで酒づくりを制限した。

また元禄一〇年には、全国のすべての酒屋に新たに「運上金」が課されることになった。運上金とは、現代の事業税、免許手数料に相当し、酒の価格に運上金分を上乗せし、価格を五割増しにせよとの通達が出たのである。そこには「下々の者がみだりに酒を飲むことは不届きである、値段を上げて、酒を多く供給させないように」という為政者の考えがある。この時は酒屋側が警戒して自主的に生産を手控えたため、幕府の期待したほど税収増にはならず、また酒の値段が高騰し、逆効果となってしまった。評判の悪かったこの運上金は、宝永五年（一七〇八）に廃止された。

享保の末頃ともなると米の豊作が続き、酒づくりは規制から一転して、逆に奨励されるようになった。さらに宝暦四年（一七五四）からはいわゆる「勝手造り令」が出されることになる。元禄一〇年の酒造米高までつくることはもちろん、酒づくりを休んでいる者、新規営業者まで、届け出れば誰もが酒づくりのできる時代となった。

その後も米の豊作と凶作は繰り返され、その度に酒づくりは奨励されたり、制限されたりしてきた。宝暦年間以後酒づくりが制限されるのは、浅間山の大噴火と凶作が続いた天明から寛政年間と、天保の飢饉が生じた天保年間であり、その間の文化・文政年間はおおむね豊作が続き、酒づくりが奨励された。

酒株改めはその間天明八年（一七八八）にも行なわれ、その際の調高は老中松平定信が寛政改革を実施する際の基本データとして活用されている。

こうした状況は、主食の米が同時に酒の原料でもある日本酒の宿命とも言えるが、政策が大きく変化するたびにあわてて対応せざるをえない酒屋では、さまざまな悲喜劇が生じたのである。

さて江戸時代の酒づくりは「西高東低」と言われ、上方から江戸へ輸送される「下り酒」の生産地がその中心であった。以下主な生産地の概況を見ることにしよう。

伊丹

江戸時代の前半、上方の主な生産地は伊丹だった。伊丹は戦国時代は荒木村重の城下町で、大阪湾から猪名(いな)川をさかのぼったところに位置する。寛政年間の『日本山海名産図会』(一七九九)なども、精緻な挿絵と共に伊丹酒の由来を述べている。同じ頃有名な生産地だった鴻池(こうのいけ)は、現在は伊丹市内だが、市街地からやや離れた場所にある。

鴻池で酒づくりをはじめたのは、山中氏(鴻池新右衛門)といわれ、早くも慶長四年(一五九九)には江戸まで輸送していたと伝えられる。彼が偶然木灰を酒に添加する方法を見出し、従来の濁酒にかわる清酒=澄み酒を得た話は、半ば伝説化していてよく引用される。しかし、清酒についてはそれ以前から普及していた可能性が高く、独自の発明とは考えにくい。

伊丹の酒造技術に関しては別項でくわしく述べるが、内陸部に位置した伊丹の酒は、まず馬に積んで神崎まで運び、ここから小型舟で伝法(現・大阪市此花区)へ、さらに江戸行きの大型船に積み替える手間が必要だった。

江戸時代初期は酒樽二個を馬の背中に振り分け荷物にして積んだが、このことから二樽を「一駄」と呼び、販売価格を一〇駄単位とする習慣が生まれた。流通の各過程には多くの積荷、運送業者が介在しており、江戸に積み出すまでに上方だけで運賃は相当な額になった。こうした地理的な悪条件が、後に灘との競争において不利となり、徐々に衰退する原因となった。

その後伊丹は寛文六年（一六六六）に公卿近衛家の領地となり、領主による酒造保護政策がとられたが、伊丹酒と京都との深い関係は長く続いた。最盛期の伊丹では年間約一〇万石の酒がつくられた。元禄一〇年（一六九七）の時点で伊丹には三六の酒造株があり、すでに株高は減っていたとはいえ、なお一万六〇〇〇石もあって、油屋、稲寺屋、升屋、丸屋などが大酒屋の代表格であった。寛文から元禄年間にかけての凶作と、幕府によるきびしい酒造統制によって、周辺の鴻池、大鹿、山田、小浜（こはま）などの諸産地が急速に衰退していったのに比べ、伊丹はすぐれた酒造技術と江戸への流通手段を掌握していたこともあって繁栄が続いた。

元禄一〇年には、上方から江戸へ送られた「下り酒」は六四万樽と頂点に達したが、以後は次第に減少し、伊丹でも休株の占める割合が増加した。しかし将軍家の「御膳酒」に指定されるなど、その評価は高かった。現在では、「白雪」、「老松」、「大手柄」の三銘柄だけが残っている。

池田

池田は、伊丹からさらに奥にあり、米穀、薪炭などの交易地としてにぎわった町である。しかし伊丹に比べればずっと規模は小さく、明暦三年（一六五七）には、酒屋四二軒、「酒造米高」は一万三〇〇〇石余、池田酒の中では、俗に「お寺」とよばれた満願寺屋の酒が有名であった。

伊丹より内陸部にあるため、荷物の積み替え、運賃負担はさらに大きく、それが池田酒造業が早く衰退してしまった原因と言われる。一八世紀はじめの正徳元年になると、稼働中の「造り株」よりも休業中の「休株」の方が多くなり、以後急激に衰退した。

伊丹、池田、鴻池などの酒の味について『万金産業袋』（一七三二）は現代語訳すると次のように評価している。(1)

伊丹・富田で生もろはくというのは、もともと水のしわざだろうか、作り上げた時は酒のアルコール分がひりひりし、鼻を刺激して何やら苦味があるようだが、はるばる海路を経て江戸に下ると、満願寺の酒は甘く、稲寺屋の酒はアルコール分が強く、鴻池の酒こそは、甘からず辛からずなどと言い、下って来たままの樽で飲むと味わいは格別である。これは四斗樽の中で波にゆられ、塩風にもまれたために、酒の性質がやわらぎ、味わいが変化したのである。

伊丹酒の辛口は当時から有名で、塩辛い食物を好む江戸っ子の嗜好に合った。また「柱焼酎」と称して、醪を搾る前に焼酎を加えた。酒質を強化して腐敗を防ぐのが目的であるが、現在のアルコール添加酒のはしりともいえる。伊丹酒は「ツンと来る」といわれたのはそのためらしい。池田に残る銘柄は現在「呉春」、「緑一」だけである。

灘・今津

西宮から神戸にかけての五つの産地を俗に「灘五郷」というが、「灘」の範囲は時代によってかなり変化してきている。現在は、東は西宮市の今津、西宮から、西は神戸東灘区魚崎、御影あたりまでを指す。灘は北に六甲山系を背負い、海岸までの距離はごくみじかく、耕地も狭い土地である。土地が狭いため零細な農家が多く、元禄八年（一六九五）には、耕地面積一反以下の農家が六〇％、五反以下が九五％も占めていたから、農業だけで十分な収入を得ることはできず、下層農民は副業に酒造稼ぎや油搾りをする者が多かった。後に灘最大の酒造家となる嘉納家も元は魚屋で、こうした商人の中から酒屋が出現してくるのである。

享保年間の米価低落以後、幕府は酒づくりを奨励し、宝暦四年（一七五四）には「勝手造り令」が出された。しかしその後上方でも大坂三郷、西宮は衰退し、新興生産地の灘と今津が大きく飛躍した。

近世前期の下り酒は元禄一〇年（一六九七）の江戸入津量六四万樽が一つの頂点だったが、天明五年（一七八五）には七七万樽にまで増加、灘と今津を合わせると実にその四六・六％を占め、以下伊丹一四・五％、西宮九・六％、池田二・三％と、灘の躍進はめざましいものがあった。

その他

江戸へ「下り酒」を出荷していた地域を俗に「摂泉十二郷（せっせんじゅうにごう）」と呼んだ。大坂三郷、伝法、北在、池田、伊丹、尼崎、西宮、兵庫、今津、上灘、下灘、堺であるが、このうち北在は、西宮から北の大鹿、鴻池、山田、小浜、北東部の茨木、福井、富田などを指す。しかし、いずれも江戸時代の初期が全盛期である。天保三年（一八三二）の調査では全部で二二軒、株高二万三六二石とあるが、その多くは地主が営む村方酒屋と言ってよく、江戸へ出荷されていたといっても、実際に積み出された酒の量はきわめて少ない。江戸時代後半ともなると、富田では「貸株」として酒づくりの権利を今津など他産地の酒屋に貸している。

酒造技術書

江戸時代の酒造技術のあらましについては、当時の百科全書とも言うべき『本朝食鑑』（一六九七）や『和漢三才図会』（一七一三）によって知ることができる。他の伝統的な技術同様、酒造技術も杜氏の口伝、秘伝とされる記述がかいま見られるが、農業技術書が宮崎安貞著『農業全書』（一六九七）など刊本として印刷、販売され、世の篤農家に広く読まれたのとは大きくことなる。酒造技術書は、多くても数部程度の筆写本が現存しているのみである。

一番古い酒造技術書は、後に秋田藩主となる佐竹家がまだ常陸国佐竹郷にいた頃に書かれた『御酒之日記』であろう。小野晃嗣が紹介した東京大学史料編纂所所蔵の写本は永禄九年（一五六六）のものだが、原本の成立は南北朝時代の文和四年（一三五五）頃との説もある。第四章でも述べたが、同書には当時の名酒である河内の「あまの」のつくり方、また、夏場安全に酒をつくる「菩提」の技法などがある。

奈良興福寺の塔頭多聞院の『多聞院日記』にも酒造技術の記述があるが、作業ノート的なものにとどまる。江戸時代の酒造技術は、伊丹や灘の酒造家に伝えられた記録の一部が酒造会社の社史、市町村史に収録されているほか、酒造技術書の中にも翻刻、現代語訳が刊行されているものもある。

同じ寒造りの諸白酒であっても、戦国時代末期の奈良諸白は比較的醸造規模が小さく、一石（一八〇リットル）程度である。また麹の量を蒸米で割った値を「麹歩合」というが、これが奈良諸白は高く、加える水の量も少なかった。酒づくりにおいて水を多く加えることを「汲水(くみみず)をのばす」と言う。寒前から寒中にかけては、のばすことで発酵を促進させ、暖かくなる春には逆に減らすことで発酵を調節する。江戸時代初期の伊丹酒は汲水を奈良酒よりやや多くし、麹歩合は低かった。さらに後発の灘酒になると、灘酒はアルコール濃度を低下させることなく、同じ量の米からより多くの酒をつくることが可能になった。

幕末の灘酒は俗に「十水(とみず)の仕込み」と言われ、原料米一〇石に対して水一〇石を加えた、原酒を水でうすめても飲めるいわゆる「のびのきく酒」であった。そうなると先進地だった伊丹の、技術面での立ち遅れが目立ってきた。幕末に伊丹酒が衰退した理由は、前述の地理的立地条件の不利と技術面にあった。伊丹においても元禄年間は八月末から九月末にかけての「新酒」、「間酒(あいしゅ)」の生産が中心だったが、次第に寒造りへの一本化が進んだ。

『童蒙酒造記』

さて江戸時代を通じて最高の酒造技術書とされるのが、『童蒙酒造記』である。同書にはいくつかの写本があり、酒造技術に関心をもつ人々の間では以前からその存在は知られていた。全文の翻刻、現代語訳が刊行されている(2)。

「童蒙」とは、童子のごとく無知蒙昧という意味だが、それは著者自身の謙遜か、あるいは子供でも理解できるよう、懇切丁寧に書かれた本との意味だろうか。著者は不明であるが、「当流と号するは鴻池流なり」とあるように、内容は鴻池流酒づくりが中心なので、鴻池で長年酒づくりに関与していた技術者らしい。鴻池の酒屋はその後すべてなくなってしまったから、江戸時代前半期の鴻池流酒づくりを知ることができる貴重な記録である。冒頭に貞享年間の米価、酒の市価に関する記述があることから、同書が書かれたのは貞享四年(一六八七)以降と思われる。

内容はこの鴻池流を中心にして、酒づくりのすべての面にわたって解説されている。全体は五巻から構成されている。

第一巻は、和漢の酒の起源、酒の異名、原料米を買い付ける際の心得、酒づくりの損得、最近一〇年間の米価、酒価の概況が主である。酒造道具および、きわめて特殊な酒造用語の解説があるのはありがたい。

第二巻では麹に次ぐ重要な工程の酛づくりについて、手早く確実に酒ができる「菩提酛」と、酛を加熱する「煮酛」を詳述する。煮酛は現在の高温糖化法だが、失敗する危険が高い。さらに時間をかけてつくる「生酛」づくりの解説がある。前述のように菩提酛は奈良の菩提山正暦寺ではじまったと伝えられる。笊籬（ざる）を使用することから、笊籬酛とも言われる。まだ残暑がきびしい季節、一部の米を蒸して、笊籬の中に入れ、水中で乳酸発酵させてから酛をつくる。乳酸の存在下、アルコール発酵をする酵母が安定的に増殖する。

同書では温度を高めにして蒸米を加えることを「強く仕掛ける」、低めにすることを「弱く仕掛ける」と表現しているが、高温で強く仕掛ける。また暑い時期は早く酵母が増殖するから、ふつうは三回である「添」も二回で終了する。麹は酛、添共に、蒸米の六割と多めに加える。pHメーターもない時代であるから、酛の出来具合は嘗めて判断した。麹のアミラーゼによってでんぷんが糖化されて甘味が出、アルコールの辛味、渋味も加わる時期も官能試験によった。

煮酛とは高温糖化法である。湯の中で行なう間接加熱の湯煎式ではなく、酛を釜の中に入れて煮るのである。酵母を殺してしまってはならないから、相当むずかしかったと想像され、実際にはあまり使用されなかったようだ。

第三巻は「鴻池流」について詳しく述べている。気温が低い時期に行なう「寒造り」は、酵母の増殖を促すために大桶を使用し、蒸米は強く仕掛け、添の回数は三回である。こうすれば、風味は甘口だが、後に残らない「尻口のしゃんとした」酒ができるとしている。その他、気候の寒暖、酒の味に合わせて酛を枯らしておく時間、麹の酵素を溶出させる「水麹」の時間、蒸米の温度、櫂を入れる時間などを調節するのであるが、これらは長年の経験から割り出された技法である。

これに対して気候が暖かくなる時期につくる「春酒」の場合、蒸米は冷まし切ってから加える。また季節を追って、水麴の時間も短くする。冬に比べて春は発酵が進みすぎるから、酒が変質しないよう留意する必要がある。

蒸米、麴米の両方に精白米を使用する「諸白」より安価な「片白」は、低温で仕込む。その理由は、玄米の糠には、脂肪、タンパク質など、微生物の発育を促す物質がたくさん含まれているためである。粉末の米でつくる「小米酒」は昔からあるが、米の溶解、でんぷん糖化が早いので、発酵が早く進む傾向がある。また「餅米酒」も、蒸した餅米は固まって使いにくいものであるから注意する。

第四巻、第五巻は「他人に見せてはならない」と特に注意書きがあって、当時の酒づくりが秘伝だったことがわかる。第四巻は鴻池流以外の酒づくりも詳しく解説しているが、その目的は諸流派を広く学んで、よい点は取り、悪い点は捨てるためという。各流派について、諸流派の根源、奈良流に敬意が払われている。ふつう三回である「添」は四、五回行なう。

伊丹流は辛口酒づくりの元祖である。また低温づくりであり、酛を加温するために加える「暖気樽」はあまり多くしない。醪を搾る前に一割くらい焼酎を加えると、酒の風味がしゃんとし、日持ちがよくなる。これは今日も行なわれている「アルコール添加」のはしりだが、加える焼酎の原料はほとんど米だから、できた酒はあくまで米の酒であり、今のアルコール添加が糖蜜アルコールを原料にしているのと少しちがう。

小浜流とは若狭の小浜ではなく、現・兵庫県宝塚市の小浜でつくられていた酒である。小浜酒はその後消滅したので、特に興味深い。伊丹流同様の辛口酒づくりである。

その他酒粕から「焼酒（焼酎）」を取る方法、味醂、「麻生酒」のつくり方もある。麻生酒は、麻の種を播く頃甕に仕込み、上に土を塗りこめ、麻を刈る頃に口を開けるので、この名前がある。濁酒、練酒、白酒、また忍冬酒など薬酒も紹介されている。

第五巻の柱は、酒づくりで重要な酛について。今日の生酛であるが、酛の良し悪しの判断、暖気樽による温度調節、醪の一部を取って酛に使う方法、癖のある酛の見分け方について詳述している。よく搗き減らして（精白して）いない米には、米糠タンパク質、脂肪が多く含まれるので、できた酒には雑味がふえる。胞子の多い麹、温かい蒸米、新しい酛（若酛）を使用すると発酵が進み、逆にすれば遅くなる。

こうした技を駆使すると、甘口、辛口の酒をほぼ思い通りにつくることができる。今日で言う製品の品質設計であるが、著者は自分の技術に相当自信があったというべきだろう。

その後の工程は、醪を搾る上槽、酒桶の口に厚紙を張る封印、できた清酒にたまる滓を取り除く「滓引き」などがある。

「火落ち」といって昔の酒はよく腐敗した。火落ち対策は、六〇度くらいの低温で加熱殺菌する「火入れ」であった。二回ないし三回行なったが、火入れ前に酒の微妙な品質変化を見逃さぬよう、細心の注意を払うように同書は指示している。火入れ温度の加減、桶の封印、夏期の貯蔵についても詳しい説明が見られる。しかし、これだけ注意を払っていても、醪の途中で発酵がうまく進まず、

「腐造」となったり、貯蔵中「腐敗」することは避けられなかった。酸が多くなった場合、アルカリ性の草木灰、貝殻を焼いた灰などを加えて中和した。これを「酒直し」、使用する薬を「直し薬」とよんだ。酒造技術書は、ふつう酒直しに多くの紙数を費やしているが、同書も例外ではなく、これを結びとしている。

測定機械がまったくない時代の酒づくりは、温度は手で測り、酛や醪を嘗めて甘味、辛味、渋味、酸味の調和を知り、五感を最大限使って、糖化やアルコール発酵の進行状態を判断した。また発酵中に出るさまざまな音についても、「ぼちぼち」、「ぶつぶつ」などと表記し、言葉によって伝える努力もなされている。

精米

酒の原料になる米は、長い間人力で精米を行なってきた。当初はウサギの餅つき絵にあるような、木製の臼と杵を使用したが、大変な労力を要し、能率も悪いので、大量精米には向かない。

次に登場したのは「唐臼（からうす）」である。唐臼は『源氏物語』「夕顔」にも登場し、かなり古くから日本に導入されていた。ちょうどシーソーのような長い杵を人が片足で踏む足踏み式精米機である。

酒蔵に付属した碓屋とよばれる精米場で、蔵人がずらりと並んで唐臼を踏む光景は、『摂津名所図会』（一七九六）にも描かれているが（図25）、これだと精米歩合（精白米÷玄米×一〇〇%）はせいぜ

図25　唐臼による精米（『摂津名所図会　8』，国立国会図書館ウェブサイトより）

い九二%、つまり八分搗きにしかならず、今の飯米程度である。

また働き手にとってはきわめて単調な労働であり、作業中は米糠によって身体が汚れ、低賃金だから、景気のよい時代には盛んに引き抜きが行なわれ、人手を確保するのが大変だった。

水車精米は背後に六甲山系のけわしい山々がそびえ、石屋川、住吉川などの急流を利用した灘に多く、天明年間以降たくさんの水車小屋がつくられた。水車精米では、精米歩合を八〇%にまで下げられる。米糠には酒づくりに邪魔なさまざまな不純物が含まれているが、それらを取り除き、品質のすぐれた酒をつくることができた。灘が他の産地に対して技術面で優位に立つことができた理由の一つは水車精米であった。

設備と作り手

酒蔵

第三、四章でみてきたように、古代、中世の酒蔵では酒甕や酒壺を地面に埋めることが広く行なわれていた。しかし酒造規模が大きくなり、木製の大桶を用いるために、酒蔵の建築様式も変化してきた。現在灘や伏見などの生産地に行くと、多くの酒蔵や記念館があって、江戸時代の酒づくりを偲ぶことができる（口絵1）。

地方に残る伝統的な酒蔵は、東西に長く、南北の奥行が短い蔵が多い。窓は北向きで、北風を入れて蔵の内部をなるべく低温に保つ工夫がこらされ、酒蔵の一階には大きな仕込み桶や、滓引き桶を並べる酒造場がある。しかし大桶の高さが二mを超すと、もう地面に埋め込むことは無理だし、洗うのも大変である。このほか一階には井戸水で米を洗う「洗い場」、大きなご飯蒸しのような「甑（こしき）」で米を蒸す「釜場（かまば）」、麴をつくる「麴室（こうじむろ）」などが配置されている。

二階にはでき上がった酛の桶を置く場所があり、これを「酛二階」という。使用するまで酛をここで休ませることを、「枯らす」という。また酛は使用直前に一階に下すので「酛卸し」という言葉も生まれた（図26）。

かさばって重い、米、水、醪などは、大勢の蔵人が桶に入れて肩に担いで運んだ。機械類といって

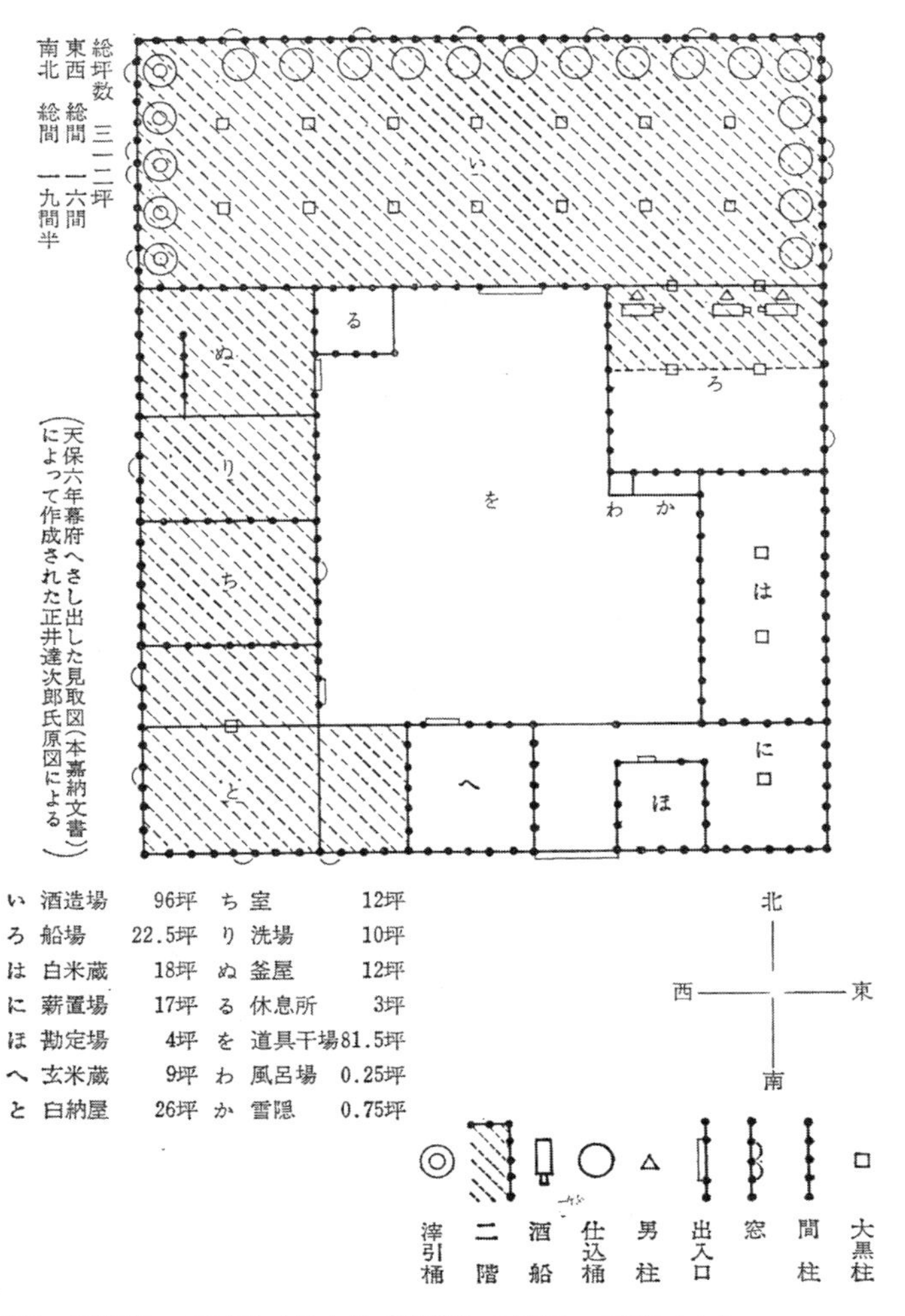

図26　天保期の千石蔵（柚木学『酒造りの歴史』180頁より）

も桶を二階まで持ち上げる滑車、「阿弥陀車」くらいしかなかった。作業のほとんどを人力に頼る酒蔵は長い間旧態依然としたもので、一九六〇年代になってようやく近代化がはじまったのである。

蒸米、麴用に毎日米を洗い、蒸して準備しなければならないが、一日一〇石、寒造り期間を一〇〇日間として合計一〇〇〇石の米を使用することになる。このくらいの規模の酒蔵を「千石蔵」と称した。幕末になると灘には一万石近い米を消費する酒屋が登場したが、これはいくつかの酒蔵の消費量を合計したものである。

地下室

酒づくりにとって一番重要な麴づくりは、古来保温された「麴室（こうじむろ）」の中で行なわれてきた。一般に麴室は酒蔵の一階にあって、板壁で囲われ、その内部には籾がらなど保温材が詰められている。また雑菌による汚染がないよう、清潔であると共に、換気にも留意しなければならない。しかし地上部の「岡室（おかむろ）」に対して「地室（じむろ）」という語があるように、古い時代の麴室は地面を掘り下げて地下につくることもあった。

『日本山海名産図会』（一七九九）が紹介する伊丹の酒蔵では、麴室は一階にあり、壁は厚い土である。戦国時代の京都市中の酒蔵には麴室らしい地下室があったことが最近の発掘調査から明らかにされているが、ヨーロッパとちがって日本には、堅固な石の壁で囲まれた地下室はほとんどなかった。古泉弘による江戸の地下式麴室の研究は大変興味深い(3)。江戸で麴室があったのは、その名の通り現・

千代田区麹町のほか、本郷、湯島、駒込、小石川など高燥で土が柔らかく、地下室の掘りやすい関東ローム層の武蔵野台地である。

職業分布調査によると、明治四一年（一九〇八）当時、東京市本郷区には実に一一六軒もの麹製造業者があったという。その多くが味噌麹屋だった。

地面に酒甕を埋めて酒づくりをすれば、保温上便利である。中国の蒸留酒白酒（パイチュウ）の醪は現在も窖（あなぐら）中でつくられる。ある日本人はこれを「黄土に醸す」と表現したが、日本酒も麹づくりから地下で行なっていたとすると、醸造も農業の延長線上にあるようで面白い。

ただしコウジカビの生育には、新鮮な大気が大量に必要である。換気の悪い地下室内では、一度部屋が汚染されるときわめて始末の悪い結果になったと思われる。江戸の遺跡で一か所の竪穴から周囲に放射状に地下室がいくつも掘られている理由は、汚染を避けて次々に場所を移したからだろう。

蔵人

酒づくりをする蔵人は、チームを組んで仕事をする。リーダーは「杜氏あるいは頭司」であり、酒屋からその年の酒づくりを請け負い、全責任を持つのである。産地によって名称はややことなるが、以下役割に応じて杜氏を補佐する役の「頭（かしら）」、麹づくりの責任者「麹師あるいは衛門（えもん）」、酛をつくる責任者「酛廻り（もとまわり）」、蒸米作業を行なう「釜屋」、実際に作業を行なう「上人（じょうびと）」、「中人（ちゅうびと）」、「下人（したびと）」、最年少の見習いで食事の支度をする「飯炊き（めしたき）」などがあった。

一シーズンに米一〇〇〇石を消費する酒蔵に必要な蔵人数は、最低一〇人と言われた。毎日米を精白し、洗い、蒸し、麹、酛をつくる作業が繰り返される。人手を省いてくれる機械類はほとんどないので、原料米、水、でき上がった醪、清酒はすべて担い桶に入れ、人力で運ばなければならない。

リーダーである杜氏に昇進するには、飯炊きからはじまって、酒づくりのすべての工程を体験しなければならない。測定機器もない時代だから、微細な変化も見落とさない注意深さ、深い洞察力、またチームを率いる指導力が必要になる。杜氏は酒屋の財産を預かる仕事で、できた酒の品質によって評価される実力主義の世界である。酒の評判が高ければ他の酒蔵から引き抜きもあるが、腐造、腐敗などで失敗すれば、翌年契約されることはない。したがって太平洋戦争前の杜氏は、その仕事内容にふさわしい敬意を払われ、待遇もまたよかったのである。

灘の酒蔵では、当初は灘出身の杜氏が多かったが、やがて播州、丹波出身へとかわっていった。冬は雪が多くて農作業ができない丹波、丹後の農民は、現金収入を求め、俗に「百日稼ぎ」といわれる酒屋での労働に従事するようになった。一方灘出身の蔵人は、灘酒の名声が高まった一九世紀初め頃になると、近畿一帯から、なかには東北地方まで出稼ぎをするようになった。

酒の輸送

上方からの「下り酒」は、当初は馬による陸上輸送だったが、これでは輸送量は限られる。やがて

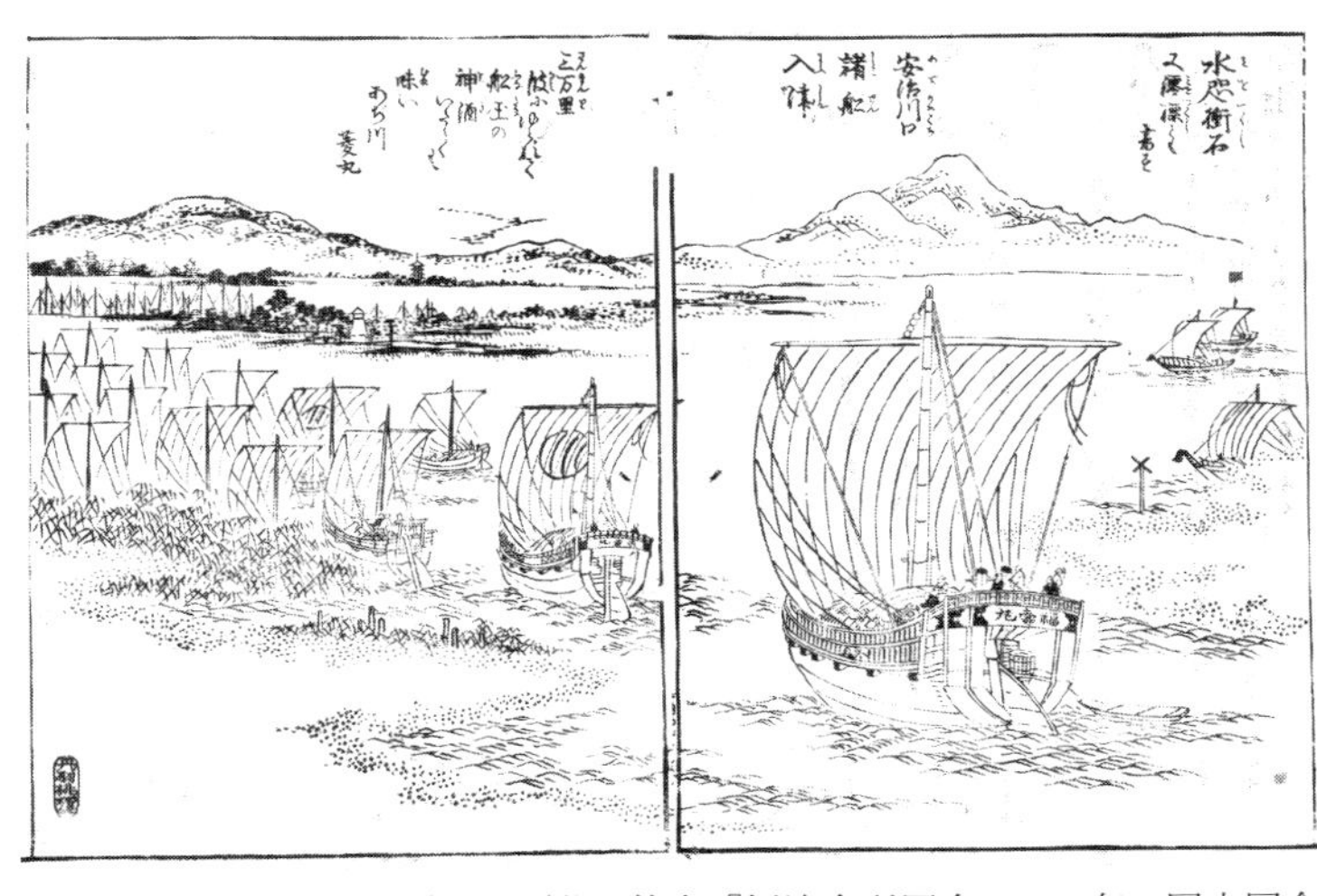

図27　安治川河口のにぎわい（秋里籬島『摂津名所図会』1798年，国立国会図書館ウェブサイトより）

大量輸送に適した船が使用されるようになった。「菱垣廻船」とは、甲板上に菱形の囲いを取りつけた貨物船である。元和五年（一六一九）に和泉国堺の商人が紀州の船を借り、さまざまな日用品を積載して江戸まで輸送したのが最初とされるが酒専用ではなく、醤油、木綿、油などの諸貨物との混載であった。この際重くてかさばる酒樽は、船底に積むのがふつうだった。

やがて酒樽だけを積む「樽廻船」が出現し、大坂の安治川や伝法に運送業者である樽廻船問屋が生まれた。大坂から江戸までは、あちこちの港で風待ちをするため、一七世紀後半には早くても二週間、平均一か月も要したが、幕末には平均一〇日から二週間になり、新酒を競争で輸送する「新酒番船」の場合、最速三日という例もある。乗組員一二、三名の五〇〇石積船に二〇〇から三〇〇樽の酒を積んだ。

江戸時代の船は木造船だったから、耐用年数の面で現在よりもはるかに劣り、酒屋と廻船問屋の間では、新造後六年以上経過した船には原則として酒を積んではならないとの申し合わせがあった。また「釘貫新造（くぎぬきしんぞう）」と称し、新造一二年後くらいまでに、釘、かすがいをすべて交換した。それでも船の耐用年数は最大二〇年程度だったという。

しかし、大量生産された酒が五〇〇km も離れた消費地に輸送、消費される社会は、アジアでは日本だけであった。技術面では海上輸送に耐える容器が開発され、販売面では為替送金制度なども生まれ、この構造を支えたのである。

桶と樽

江戸時代に入ると、酒を入れる容器は、それまでの壺や甕から木桶、樽へとかわり、より遠くまで安全に輸送されるようになった。酒樽は奈良吉野の林業産地において、ほぼ規格化されたものがつくられていた。ふつう四斗樽に三斗五升の酒を入れる。江戸まで輸送に使われた空き樽を買い取る業者があった。これを「樽買」といい、酒醤油の空樽を専門に買い取った。毎日買い集めて「明樽問屋」に売る。醤油樽は問屋から製造業者に売り、酒樽、明き櫃などは求めに応じて売った。

樽は醤油樽、漬物樽、はては店の腰掛、井戸枠、上水道など、実に無駄なく再使用された。もちろん貧しかったことも理由であるが、江戸時代は今日から見てもすぐれた環境配慮型社会だったのである。

新酒

江戸時代の酒は、当初は残暑のきびしい旧暦八月はじめ頃から、翌年四月頃までの長期間にわたってつくられていた。これを順に「菩提（ぼだい）」、「新酒」、「間酒（あいしゅ）」、「寒前酒（かんまえざけ）」、「寒酒（かんしゅ）」、「春酒」という。「新酒」という語は、現在では冬のはじめ、その年一番にできる酒に使用されるが、時代によって内容はかなりちがっている。たとえば天保九年（一八三八）版『東都歳時記』は、

〇十一月不定　新酒　むかしは九月著船す、近年次第に遅くなりて十月頃となり、今は正月或は二月初旬に著す、摂州は伊丹、傳法、西の宮、池田、今津、大坂在、尼崎、北在、灘目、大石、兵庫、其余泉州、勢州、濃州、尾州、三州等の国々より、新酒の船江府を瀬取し、新川新堀の酒問屋銘々の河岸へ積来り、諸方へ運送す、繁昌いはん方なし(4)

と、時代が下がるにつれて新酒の出荷時期が遅くなってきた旨を述べている。

江戸っ子が初鰹などの「初物」に惜しみなく大金を投じたことは、よく知られているところである。日本酒も熟成古酒を珍重した時代もあったが、その後は麹の香り（麹香（こうじか）という）が残り、荒い味で

も、とにかく新鮮な酒がよしとされる時代になった。価値観が変わったように思われる。こうした傾向は現代まで続いていて、ワインもボジョレ・ヌーヴォーなど新酒がもてはやされる。

「新酒番船」は、その年はじめてできた新酒を積んだ廻船を、日を決めていっせいに上方から出港させ、江戸へどれだけ早く到着できるかを競った行事で、すでに元禄期から行なわれていたといわれる。

江戸の風俗習慣を描写した『ひともと草』(寛政一一年)には、この新酒レースの有様がよく描写されている。[5] 現代語訳して要約した。

一〇月頃には伊丹、伝法、西宮、灘その他の酒を積んだ船が準備され、一番船一四隻、二番船も同じ位そろい、出発時間を何月何日何時と定め、いっせいに風にまかせて出港した。出港情報が江戸に伝えられると、新川、新堀にある四六軒の問屋の売り場には、船主の名前を壁に記して、誰々はよく乗る、誰それはいつも頼まれない、また今年何某は新米が乗る、などと伝わる頃には去年以来の古酒もなくなるので、きき酒の準備にかかる。男たちは渋染めの単衣に小倉の帯をして、獅子の背中のような前垂れを掛けて、蔵前の島に集まる。

さて時雨も晴れ、小春の空が暖かなので、今晩か暁には到着するだろうかと待つうちに、早い船は品川沖に到着する。錨もまだ下さぬうちに、乗組員を伝馬船で大川端の問屋に案内し、一番船と認定される。この案内に遅れると、二番、三番と言われて、本意にかなわない。酒樽を荷分けし、問屋は初相場をたてる。

舟に歩み板を渡し、酒樽をころがし上げ、急いで得意先に送る。酒屋の印である杉の酒林をかけた末端の小売店にまで一、二日以内に送り、店ではまず神棚に捧げて、「下り新諸白」と書いて角の柱にかける。

江戸っ子がいかに下り新酒を待ちわびていたかよくわかる。上方から江戸までの所要日数は、ふつう二〇日程度であったが、新酒番船の場合は競争で、風に恵まれれば、冬などわずか四日余で到着した例もある。江戸の酒屋では、新酒が入荷すると得意先へ二、三合ずつ酒を配る習慣があったが、その後すたれたという。

販売

江戸時代後期の天保年間に入ってもなお江戸市場における伊丹酒の評価は高く、江戸の番付表によれば、坂上の「剣菱」(現在は灘の酒)、山本の「男山」・「老松」、小西の「白雪」、木綿屋の「七つ梅」など伊丹酒が灘酒よりも上位を占めている。一方池田酒は伊丹酒よりも甘口だったといわれ、同じ番付表では俗に「お寺」とよばれた「満願寺」が上位に入っている(図28)。

「下り酒」の江戸入津(にゅうしん)総数は一番古い記録の元禄一〇年(一六九七)には六四万樽であり、最盛期

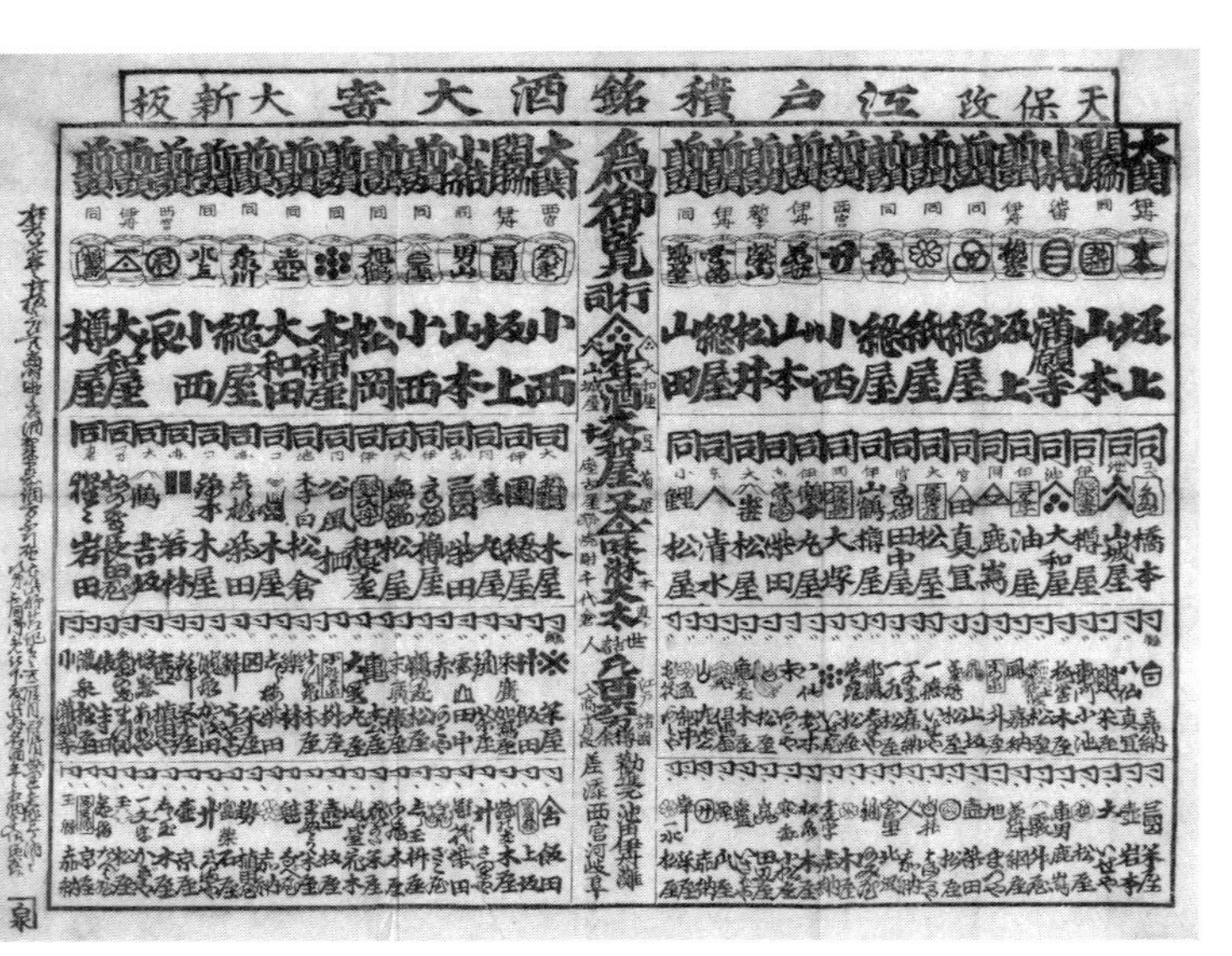

図28　天保期の酒番付。「剣菱」「老松」「男山」「七つ梅」「満願寺」など伊丹，池田の酒が上位に並ぶ（『関東を主とする酒造関係史料雑纂　66巻』，国立国会図書館ウェブサイトより）

の文政四年（一八二一）には、実に一二二万樽にものぼっている。

しかし江戸時代初期には優位に立っていた伊丹、池田の酒も、一八世紀半ばを過ぎると、新興の灘、今津、西宮に押されて衰退していった。寛政七年（一七九五）に江戸市場の占有率二〇％以上であった伊丹酒の衰退が特にはなはだしく、その後一時回復するが、幕末には一桁台にまで低下した。池田酒も同様であった。かわって灘・今津の酒が五〇から七〇％近くにまで増加している。

新川酒問屋

新川は上戸の建てた蔵ばかり

俗に「下戸の建てたる蔵もなし」と言う。酒を飲まぬからといって、蔵を建てるほどの金持になるわけでもないという意味であるが、この川柳はこれにひっかけている。

上方から船で江戸へ運ばれた酒は、小舟に積み替え、新川、霊岸島、茅場町あたりの酒問屋が購入し、蔵におさめられた（図29）。

『万金産業袋』[6]が述べるところによれば、問屋には「蔵手代」という者がいて、買い手を蔵にともない、望みに応じて唎酒をさせ、一〇両で何樽という具合に値段を決めて売買した。

下り酒のほかにも、少しは江戸の地酒、信州の上田酒、尾張の名古屋諸白も売買するが、所詮下り酒と飲み比べては、いずれも苦味があるようで、京都でこれ以上ない新酒の淡い味よりもなお色がうすく、アルコール分が少なく、やはり田舎の水の性質があらわれて、段違いに味わいがよくないと評価している。江戸では関東地廻り酒や田舎酒の評価はまだまだ低かったのである。

上方から江戸に運ばれたさまざまな生活必需品を扱う「江戸十組問屋」のひとつに「酒店組」があった。後に、上方や尾張・三河の酒を取り扱う「下り酒問屋」と、関八州の酒を取り扱う「地廻り酒

図29　新川酒問屋（斎藤長秋編『江戸名所図会　二』博文館，1893年，国立国会図書館ウェブサイトより）

問屋」に分かれた。下り酒問屋は元来造り酒屋が江戸における販売を目的として設立したもので、酒の販売は必ずこの酒問屋を通すという申し合わせがなされた。造り酒屋から江戸酒問屋、酒仲買、小売酒屋、消費者というルートをたどった。酒の輸送、販売機構とその歴史的経緯に関しては、柚木学による膨大な実証的研究がある。[7]

幕末『守貞謾稿』（一八五三）の時代になっても、やはり評価の高い酒は下り酒で、同書には摂津の伊丹、池田、灘を第一の上品とし、「剣菱」、「七ツ梅」、「紙屋の菊」、「三つうろこ」、「米喜のよね」などの商標が載っている。ただ、近年「剣菱」の名は、以前に比べるとほめる人は少ないとも述べている。[8]

天保期以前、下り酒の入津数は毎年大体八、九〇万樽であったが、天保改革以後は四、五〇万樽、あるいは三、四〇万樽で江戸中の飲用に足る、別に江戸の近国で醸す酒を「地廻り酒」といい、おおよそ一〇万樽と聞く、と守貞は言う。地廻り酒の割合もかなりふえてきた。

幕末になっても下り酒優位の構図は大きく変化していなかったことがわかる。

幕末にスイス遣日使節団長として来日、日本に一八か月滞在したスイス人アンベール（Aime Humbert 一八一九―一九〇〇）の『幕末日本図絵』は、正月を迎える新川あたりの酒問屋の有様を述べている。

> 日本橋の両岸の方角で、大勢の群集が犇き合う、騒がしい音が聞こえるので、酒を醸造する大倉庫や卸売りとして大口に景気よく輸送する、舟の碇泊場に近づいたことがわかる。樽に詰めて、ここから舟に載せ、江戸市内の至る所に通じている運河で運ぶわけである。酒樽は藁の綱で厳重にくってあって、醸造元の商標が付いている。何百人という人足が、竹竿の両端に、木製の桶のように取手は付いているが、同じように密閉し、栓をした特殊な樽を担いで道を忙しく往来する。
>
> 近い所は、ふつうの手桶とか簡単な桶とか、小さな丼とか、または、青い陶器で、把手の付いた壺を使っているが、これは途中で危険に出会って、中の酒がこぼれるかもしれないものである。なぜ、そんな危険があるかというと、大勢の群集が色めきたって騒いでいるからである。方々から酒の競売にわれ勝ちに加わろう、最後の競売で一年中で最上等の酒を手に入れようと、どっと

詰め掛けて来ているからである。

数えきれないほどおびただしい桶、樽、陶器の壺が町角のあちらこちらに置かれているが、誰も盗む者などありはしない。その一方、これらの酒器の持主は酒屋の中庭に急ぎ、ここで、新しい酒を籤引で売ろうというわけである。買い取られた酒は、さっそく、買い手とか、買い手の使用人が注意して徳利などに移し替える。そして商売仲間に囲まれて、わいわいいわれながら、ちゃんとした値段をつけてくれさえしたら、それで手を打つことにするのである(9)

中汲み・諸白・白酒

江戸の町ではさまざまな酒が販売され、一部には庶民の手づくり酒などもあった。江戸の川柳にもその風景が見える。

中汲みはよしにごるとも隅田川

「中汲み」とは、搾った清酒の底にたまってくる滓(おり)を集めた濁り酒。「澄む」と「隅田川」をかけた句である。

戦国時代末期に誕生した「諸白(もろはく)」は麹米と掛け米の両方に白米を使用するので、高級酒の代名詞となり、各地に「〇〇諸白」が出現したが、江戸とその近郊では少ない。『江戸買物独案内』によると、江戸では浅草並木町の山屋の酒銘が「隅田川」であり、「隅田川諸白」とその中汲み「隅田川中汲」を販売している。(10)

また鎌倉河岸豊島屋の白酒は江戸の名物で、資料には白酒に関する記述がかなりある。手に入れるのがむずかしく、毎年売り始めて半日で売り切れてしまう有様だったので、男女の関係にたとえて、

君はただかまくら河岸の白酒か
もう切れたとはつれなかりけり

と嘆く狂歌も生まれた。

白酒も江戸時代初期からある。京都六条油小路の酒屋で白酒をつくっていたが、山間を流れる流水が白濁するのにたとえられ、山川とは白酒を意味するようになった。『守貞謾稿』も、春をもっぱらとする白酒売りはかならず「山川」と唱え、桶の上に硝子徳利を納めると述べている。白酒のつくり方は、かつての博多練酒や京都白酒の流れをくむ。糯米を原料に、醪を石臼で引きつぶしてから絹篩にかけて漉す。甘口で下戸、婦人、小児の好む飲み物である。

このほか京坂では「柳蔭(やなぎかげ)」、江戸では「本直し(ほんなお)」というが、味醂と焼酎をおよそ半分ずつ合わせ、

冷やして飲む習慣もあった。甘い夏の飲み物で、ちょっと試みてみたい。『日本山海名産図会』によると、本直しは焼酎一〇石に糯白米二斗八升、米麴一石二斗で、つくり方は味醂のようであるという。麴が多いから甘口の酒になる。

地廻り酒屋と御免関東上酒

江戸時代の酒造業は基本的には西高東低型で、江戸は世界一の人口数を誇ったが、酒は伊丹、池田、西宮、灘など上方の大生産地のものが市場の大半を占め、「地廻り」、つまり江戸とその近郊でつくられる酒は少なかった。

それでも一部には先の「隅田川諸白」のように評判の高い酒もあった。次に述べる「御免関東上酒」の試みが失敗に終わった後も、もちろん地廻り酒屋は存在した。『明治四十三年東京酒造組合名簿』[11]によれば、現在の東京二三区の範囲にもまだたくさんの造り酒屋が営業しており、足立区、江東区、墨田区にもあった。しかし今は二三区内では北区に一軒が残るだけである。

江戸時代はじめから江戸市場向けに大量の「下り酒」を出荷し続けてきた上方の酒に比べ、関東酒は「地廻り悪酒」などと蔑視されることが多かった。もともと食料その他生活必需品の供給量が十分でなかった地域に世界一の大都会が出現したのだから、無理もないところがある。江戸とその近郊で生産していた酒の量は、上方からの下り酒に比べればもちろん問題にならないほど少ない。そうした状況であったが、幕府が主導して関東で下り酒に劣らぬ品質の酒をつくろうという試みがあった。これを「御免関東上酒（ごめんかんとうじょうしゅ）」という[12]。

江戸時代の天明年間は、異常気象、凶作、飢饉が続き、被害は元禄年間を上回った。まず天明三年（一七八三）に信州浅間山が大噴火して降灰は関東一円におよび、大凶作となった。同六年も五月から降り続いた長雨のせいで、七月に入って江戸川、利根川沿いの村々に大きな被害が出た。

そのため、米を大量に消費する酒造業は真っ先に規制の対象となった。一八世紀半ばの宝暦年間からは誰でも酒づくりが許される「勝手造り令」が出されていたが、天明六年には一転して造石高は従来の半分になり、八年からは三分の一となったのである。天明から寛政にかけてきびしい酒造制限が続いた。

江戸市場に大量に入荷していた上方酒には特にきびしかったと言われるが、その一方で関東地方の酒づくりには振興策がとられた。寛政改革を推進した老中松平定信は著書『宇下人言（うげのひとごと）』で、酒造株と実際の造石高の間にはいちじるしい乖離があって実情にそぐわなくなっていること、また下り酒の大量入荷によって、酒価が高騰し関東の富が上方に移るばかりであることを指摘している。

そこで幕府は、従来から江戸へ酒を移出していた一一か国（山城、河内、和泉、摂津、播磨、丹波、伊勢、尾張、三河、美濃、紀伊）以外の産地からの江戸入津を禁じ、地域を限定すると共に、実績をもとに産地ごとに数量を定めた。また、下り酒の四五％を占めていた灘と今津の入津を規制した。

江戸の酒問屋には、下り酒を扱う新川の「下り酒問屋」と、南茅場町、新堀、霊岸島などにあった関八州の酒を扱う「地廻り酒問屋」があったが、当時地廻り酒の人気は低く、入荷数は年間数千樽と少なかったという。

「御免関東上酒」づくりは、寛政二年（一七九〇）からはじまった。同年三月、御勝手勘定奉行柳生久通（柳生主膳正）から呼び出された武蔵国幡羅郡下奈良村（現・埼玉県熊谷市）の名主、吉田市右衛門宗敬は、およそ次のように命じられた。

関東において上酒を製造し、江戸に出張して売り捌くように。その方は先立っても利根川筋四七ヵ村の川の普請に自分の金子を差し出したが、此度の儀も、下り酒が米価に引き合わぬ高値で下々の者が難儀しているから、酒づくりをし、安値で江戸に売り捌けば、下々の者のためにもなろう。

ここでも、下り酒は不当に高いという考えが示されている。

吉田市右衛門は下奈良村で酒造業も営む大地主であった。さっそく製造計画を立て、勘定奉行に提出した。それによれば、酒造米約一〇〇〇石を使用、寒造り酒を中心に、精米には特に念を入れ、搗き減り分を多くした、品質優良な上酒を目指した。必要な桶その他酒造道具の数量、販売収入なども見積っている。

酒の貯蔵はむずかしい。貯蔵中の酒はふつう三回「火入れ」殺菌を行なう。酒の保存性がよいことを「足持ちがよい」と表現する。しかし当時関東の地廻り酒は技術が劣り、下り酒に比べて足持ちがよくないことは、製造者である吉田市右衛門自身が自覚していた。

同年八月、市右衛門は御免酒づくりを命じられた他の酒屋たちと共に再び勘定奉行によび出され、一〇〇〇石の試醸を命じられた。これらの酒屋は武蔵、下総の一一軒で、酒造米高は合計一万三九〇〇石（うち拝借米五六五〇石）であった。前述のように、この時期はきびしい酒造抑制策が取られていたが、御免関東上酒は幕府による奨励策だったから、貸与される酒造米を用いて一般酒よりも高品質が期待でき、わずかな酒をお礼に上納するだけで問屋を通さずに江戸の直営店で酒を販売できるなど、一見まことに結構ずくめの話に思えた。

ところがいざ実際に酒づくりをはじめてみると、計画の詰めが甘く、さまざまな困難が持ち上がった。もともと下り酒より安く上質の酒を売るのが目的だから、利益は原価の一割乗せ、あまり高値で売ることは決してまかりならぬという条件が最初からつけられた。酒屋たちは一時辞退まで申し出たが、いまさら認められるはずもなかった。

御免関東上酒は、「上々酒」一二〇樽（一〇駄）が金一三両と、平均二〇両程度だった下り酒よりもかなり低い価格が設定され、また問屋を経由せずに江戸の霊岸島、茅場町、神田川あたりに家を借りて出張所とし、直営販売店とした。

当時江戸に入る下り酒は、年間約六、七〇万樽であったから、生産量三万樽程度の御免関東上酒は、せいぜいその五％程度にすぎない。それでも徐々に評判が高まったのならまだしも、江戸市場での評価はかんばしくなかった。

加えて寛政三年は荒川の洪水によって米は不作となり、原料米の入手が困難、製造コストがかさんだ。もう一つ問題となったのは、製造規模を一気に拡大したために、職人、酒造道具の手当てができず、中には下請け業者に製造を委託した例もあった。しかもせっかくの酒も、江戸市場では高価な上酒は売れず、品質の劣る安酒のみが売れた。出荷後の管理が悪いために、「不風味（ぶふうみ）」、つまり品質が劣化して、売れ残ることがしばしばだった。また販売人の接客態度も悪く、少量の酒を買いに来た武家や商家の使いを断ってしまうことがあったようだ。どうやら御免上酒の評判は散々だったらしい。

老中松平定信が罷免され、寛政改革が終了した後も御免関東上酒づくりは続けられた。生産量に大きな増加はなかったが、参加する酒屋の数は増え、寛政五年（一七九三）には当初の一一軒から三三軒になっている。米と水が豊富で江戸に近く、今日も酒の産地である流山、川越、小川、熊谷あたりの酒屋が中心だった。

酒づくりの状況は、宝暦四年（一七五四）の「勝手造り令」が天明年間まで続いた。しかし、天候不順、凶作、米不足のため天明から寛政年間にはきびしい酒造制限が課されるのである。以後の文化、文政年間はおおむね好天、豊作がつづき、逆に米が余るようになった。文化三年（一八〇六）にはまた「勝手造り令」が出されて石高制限も撤廃され、さらには無株の者すら酒づくりができることになって、自由競争時代に入った。

以後の経過をたどると、寛政二年に七二万樽だった下り酒の江戸入津量は、好況の文化一四年（一八一七）にはとうとう一〇〇万樽を突破し、酒屋の共倒れを防ぐため生産制限すら実施される状況になった。ここに至って御免関東上酒もその役目を終えることとなった。吉田市右衛門の酒蔵でも、文化元年までの一五年間で上酒づくりを終えた。

天保四年（一八三三）には「関東上酒御免株」はすべて没収され、新たに「関八州拝借株」となって、希望者に貸し付けられることになった。

御免関東上酒は結局成功しなかったが、下り酒に負けない品質の酒をつくろうとした関係者の意気込みと努力は評価されるべきであろう。

関東地方の酒屋

最近、若手の研究者によって関東酒造業に関する報告が相次いで発表され、技術だけでなく、従来あまり知られていなかった生産や消費の実態がかなり明らかになってきている。

北関東地方の酒屋の成り立ちを研究した青木隆浩によれば、北関東の酒屋は地主副業型の酒屋、近江商人の酒屋、越後杜氏や酒蔵奉公人のはじめた酒屋の三タイプに分類されるという[13]。このうち近江商人が開いた酒屋は俗に「江州店（ごうしゅうだな）」とよばれ、「日野屋」、「十一屋」などの屋号を冠する酒屋が多い。江州店は戦国時代末頃から中山道など主要街道沿いに開業したが、最初は農民相手の古着販売、ついで金貸し、酒造業をはじめたという。主人は近江に住んでおり、実際に酒屋の仕事をするのは番頭格であった。今でも埼玉県の行田、久喜、熊谷市あたりの酒造メーカーは、近江商人の流れを汲むものが多い。また越後、特に現・新潟県柏崎市や上越市あたりから季節労働者として関東に酒づくりにやって来た蔵人が、地元酒屋の酒株を購入、貸借して、酒屋を開業する例も多かった。

一方、先の吉田市右衛門のような地主副業型の酒屋は、二〇世紀はじめ頃にはほとんど壊滅してしまった。明治一二年（一八七九）、埼玉県には六八九軒もの酒屋があったが、その後灘・伏見の大手企業酒の流入や転廃業により、地主副業型はほとんど淘汰されてしまったという。酒屋はリスクの高い商売で、才覚がないとできなかった。地主にとっては、副業である酒造業でそこまで危険をおかす必要はなかったということだろう。青木によれば、近江商人や越後人は、酒屋間で婚姻関係を築くことによって一族の結束をはかり、強い組織を形成していったが、地主酒屋の場合そうした例は少ないという。

またこれもきわめて興味深い指摘であるが、近江商人や越後人が創業し、現在まで存続している酒屋は、酒造に適した水が得られる台地に立地しているという。こうした水は、カルシウム、マグネシウムなどのミネラル分を多く含み、逆に鉄分、有機物の多い水は避けるべきである。埼玉県各地域の井戸水を分析した結果は、石灰岩質土壌である秩父など北西部は酒造用に好適だが、利根川、荒川沿いの東部水田稲作地帯は、あまり向いていない。

また地元出身の地主副業型の酒屋は、本家から分家する際、土地ではなく酒蔵を与えられる例が多かった。しかし水が不向きな地域に立地していたので、やがて廃業していったという。酒づくりにとって水がいかに重要な要素なのかがわかる。一方近江商人は伊丹流酒づくりを採用するなど、新技術の摂取にも積極的であり、埼玉県産酒は、大正期から当時としては高品質だったという。

また高橋伸拓の最近の研究報告(14)によって、御免関東上酒以後関東地方における造り酒屋の例をいくつか見てみよう。まず武蔵国旛羅郡下奈良村（現・埼玉県熊谷市）飯塚家の例である。同家は天明六年（一七八六）から酒株を借用して酒づくりをはじめ、同村の吉田市右衛門の出蔵、酒造道具を使用した。寛政四年からは御免関東上酒も手がけるようになり、最盛期は年間五〇〇石程度の酒をつくった。屋号は「浜名屋」、酒銘は「八重梅」、「刀祢川」などである。

販売は地元における「地売り」と「江戸売り」がほぼ半々だったが、江戸売りの取引先は「地廻り酒問屋」である。江戸市場における地廻り酒は下り酒より評価は低かったが、売掛金が滞納されることはなく、回収されている。一方、地売りは主に地元の「居酒渡世」、つまり居酒屋が対象だったが、こちらは売掛金の回収が滞りがちだった。

御免関東上酒については、下り酒の圧倒的優勢をくつがえすには至らず、政策としては失敗との評価が一般的だったが、最近は地元における酒造技術の向上、市場開拓につながったと評価が高まっている。

同じく高橋伸拓が調査した上名栗村（現・埼玉県飯能市）は、先の下奈良村とは大きくちがった環境にある。周囲を深い山々に囲まれ、田圃もほとんどない山村であるから、人々の生業は木材の伐りだし、筏流し、炭焼きなどが中心だった。ここで寛政年間から酒屋をはじめた町田家は、一〇〇―二〇〇石程度の酒をつくっていた。飯塚家とちがい御免関東上酒づくりには参加せず、江戸市場へも出荷せず、酒は主に村内で販売、消費されていた。

同家は文化一二年（一八一五）から酒蔵を越後柏崎出身の茂八と重蔵に、文政一二年（一八二九）

には近江蒲生郡岡本村出身の善七に貸与したとの記録が残っていて、この地方にも越後人と近江商人は進出していたのである。

驚くべきことには、この山村でも「居酒渡世」、つまり居酒屋が繁昌していて、多い時は二〇軒以上もあった。酒は主に居酒渡世に販売されていたようだ。林業に従事する日雇い労働者に対して雇い主から毎日酒代二四文が支給されていたおかげで、こうした山村でも居酒屋が繁昌したのである。このように庶民の飲酒の実態についてはこれまでの見解が変わる可能性もある。

外国人による日本酒の評価　二

これまでに紹介してきた紀行文はすべてヨーロッパ人の手になるものだったが、ここで隣国の朝鮮人の紀行文も挙げておこう。

江戸幕府が正式に外交関係を結んだ唯一の外国が朝鮮王国であったことは意外に知られていないが、徳川将軍の襲位を祝うための朝鮮使節の派遣は、慶長一二年（一六〇七）から文化八年（一八一一）まで合計一二回に達した。

対馬藩に仕え、日朝外交に大きな貢献をした儒者雨森芳洲（あめのもりほうしゅう）については最近研究が進み、注目されているが、朝鮮使節による日本の観察記録ももっと読まれてよいと思う。『海游録』(15)は、八代将軍徳川吉宗襲位の際、享保四年（一七一九）から翌年正月まで滞日した朝鮮通信使に随行していた製述

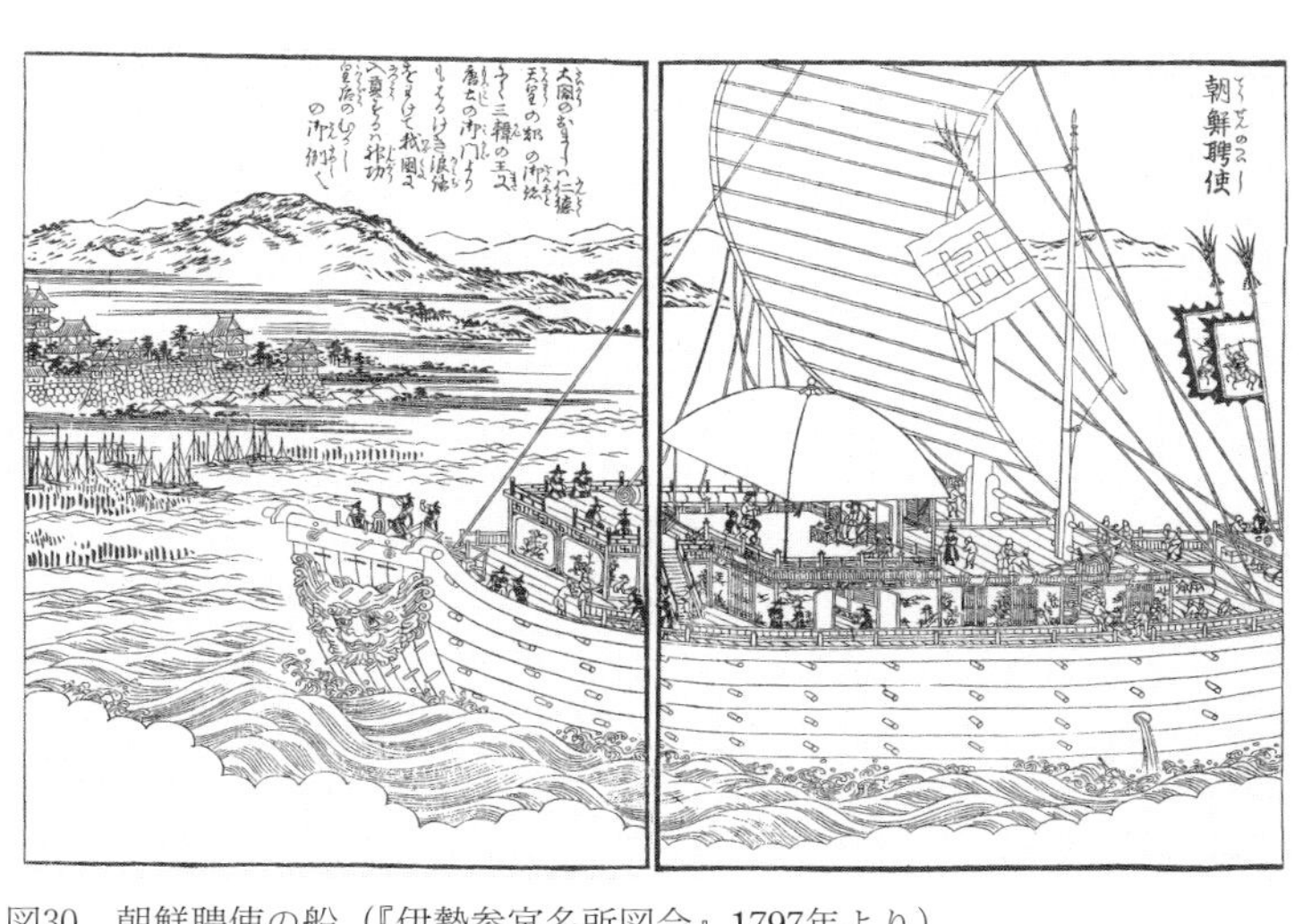

図30　朝鮮聘使の船（『伊勢参宮名所図会』1797年より）

官申維翰の紀行文である。文化面で朝鮮の方が先進国との強い自負と誇りゆえか、日本人の食物、風俗、習慣に関する付篇「日本聞見雑録」中でも、しばしば「笑うべきだ」などとまことに手きびしい評価を下している。

通信使は通常釜山から海路対馬に上陸し、しばらく滞在した後、風を待って壱岐、博多湾外の相島を経て、赤間関（現・下関）に至った。それ以東はオランダ商館長の江戸参府と同じく瀬戸内海を進み、大坂に船を残して上陸、陸路江戸へと向かった。途中草津から名古屋までは東海道ではなく、いわゆる「朝鮮人街道」から彦根、大垣を経由した。

さて、はじめての対馬について申は、土地は痩せて田はなく、食物はネギ、セリ、青葉、豆腐、鮮魚などしかない、藩主から届けられた慰問品も数種の果物にすぎなかったと述べている。対馬の豊浦（豊崎）で使節は船から降り、まわりを日本人が取り巻いて見物する中、石の上に莚を敷いて楽を奏で、舞を舞った。この時日本人の護衛が諸白酒、生梨、熟梅、百合、蜜、蓮根などを持ってきた。申は謹厳な性格であり、読書人らしく痔をわずらっていたこともあって、道中あまり酒を飲むことはなかったが、はじめて味わう日本酒について、「余はもともと酒を好まぬが、倭製の酒はさして強烈でなく、二、三杯を飲んだ。夕暮に舟にかえり、七言律二十四韻を得た」と述べている。

一方、対馬藩に仕える松浦允任（まつうらまさただ）も壱岐で朝鮮酒を味わっている。こちらは日本人側の感想である。「談がおわって行装のなかの紫火（蒸留酒の一種か）を出して酌み、蜜果をもって飲を佐（たす）けた。松浦はもともと酒を嗜むようだが二盃を飲んでやめ、曰く、「朝鮮酒は、味がもっとも烈しく、酌をかさねることが出来ない」と」。強烈すぎてどうも好みには合わなかったらしい。

瀬戸内海の航海では、途中備後三原に名酒を産することを述べている。また大坂のにぎわい、人々の服装の華やかさ、遊郭の多い町の淫らさは大変印象深かったようだ。大坂の酒について申は、「酒楼には、酒の品名として桑梅、忍冬、覆盆などがあり、なかでも諸白がもっとも著名で、その色は紅緑色である。また霙酒は、その色が雪に似、練酒は練絹に似、麻醸は玉に似て、いずれも秀逸品である」と述べているが、多分自分では飲まず、案内記の類によったものだろう。

京都を出て山科（やましな）に至る途中、東海道の奴茶屋は他の紀行文にもしばしば登場するが、酒、茶、餅を置き、美人を多数並べ、客をよび込んでいた。また紅葉の美しい宇津谷峠では申も望郷の思い強く、あえて日本酒を飲んだことも記している。

江戸において将軍吉宗に無事謁見を済ませ、帰路につく頃には、往路は青かった蜜柑も黄色く色づく頃で、蜜柑好きの申はよく食べた。

自作の漢詩の批評を求める日本人が次から次へと宿舎を訪ねてきて、それが役目とはいえ、製述官の申は休む暇もない。とうとう疲れ果ててしまい、一日数盃の諸白を飲んで、やっと駕籠の中で熟睡することができた。東海道赤坂、岡崎あたりの路傍では蜜柑を売る者が多く、申に漢詩の作成を依頼する日本人も竹籠入りの蜜柑を贈った。

さて申と通訳をつとめた雨森はよきライバルであり、朝鮮出兵の際の戦利品を耳塚に埋めたといわれる京都方広寺に参拝する是非をめぐって、激しくやり合ったこともある。しかし申は庶子、一方の雨森も先輩の新井白石が失脚した後は、辺境対馬から江戸へ戻れる見込みは絶たれていた。二人とも才能に恵まれながら、サラリーマンとしてはそれ以上昇進の道が閉ざされていた点、大いに同情し合う境遇でもあった。

さて前述のように日本の食事は、朝鮮に比べて貧弱なものに映ったようだ。

「飲酒の制は、飯は数椀、おかずも数品にすぎず、きわめて草々（手軽い）としている。食うにしたがってさらに添え、遺す余地はない。飯後には清酒を飲み、ついで果物を進め、その後には茶を啜って罷（や）める。

酒は諸白をもって上品となす。白米の麹に白米の飯を和して作る。ゆえに諸白と名づける。梅酒、桑酒、忍冬酒、覆盆酒（いちご酒）も味が佳く香気が強い。練酒はすなわち我が国の梨花酒の如きものである」

しかしアジア人だけあって、中は麴の内容も諸白の意味も正確に理解している。

千住の大酒会

人間はいったいどれくらい酒を飲めるものなのだろうか。江戸時代、しばしば大酒の競技が行なわれた。それだけ世の中が平和な証拠であるが、飲みっぷりはまことにすさまじい。

慶安二年（一六四九）、大師河原において地黄坊樽次（たるつぐ）と池上太郎左衛門底深（そこふか）が酒豪をひきつれて競い合った記録が、『水鳥記（すいちょうき）』をはじめ多くの書物で紹介されている。

地黄坊樽次は本名を茨木春朔といい、酒井侯の侍医で江戸の大塚に住んでいたという。大酒飲みで、戒名は酒徳院酔翁樽枕居士、小石川祥雲寺にある墓石には、辞世の句、

南無三ぼうあまたの樽を飲みほして身はあき樽に帰るふるさと

が刻まれていた。

池上底深は、川崎大師河原村の名主であったという。

それから一六六年後の文化一二年（一八一五）一〇月二一日、江戸の東北のはずれ、千住飛脚問屋、

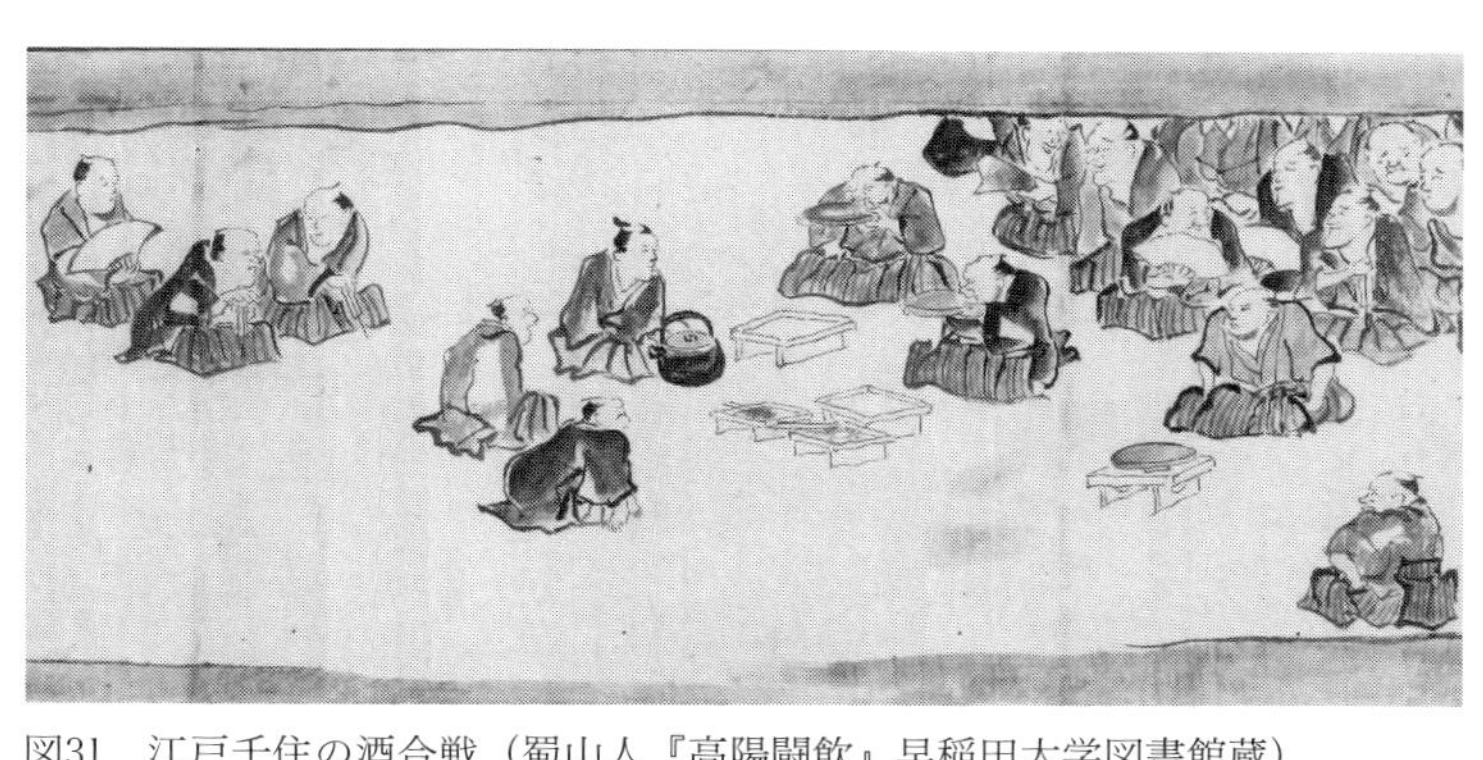

図31　江戸千住の酒合戦（蜀山人『高陽闘飲』早稲田大学図書館蔵）

中六こと中屋六右衛門の還暦祝いの催しとして、「千住の大酒会」が開かれた。当時の文化人である儒学者の亀田鵬斎や画家の酒井抱一、谷文晁らが、招かれて出席した。その記録を後に狂歌師大田南畝（一七四九―一八二三）が、『後水鳥記』としてまとめたため有名となった酒合戦である。[16]

　ここに登場する酒飲みたちの飲みっぷりには驚く。中六の門前には、「不許悪客下戸理屈入庵門　南山道人書」と記された。たしかに下戸と理屈屋は悪客だ。

　参加者にはまず各々の酒量を尋ね、切手を渡して休み所に入れ、案内をして酒戦の席につかせた。白木の台に大盃を載せて出すのだが、一番小さい盃の「江の島」でも五合入り、以下、七合入り「鎌倉」、一升入り「宮島」、一升五合入り「万寿無疆」、二升五合入り「緑毛亀」、三升入りの「丹頂鶴」まであった。酒は伊丹酒、酒の肴は、からすみ、花塩、さざれ梅、鯉の羹などであった。

　新吉原中の町に住む伊勢屋言慶は六二歳であったが、三升五合を飲んで座を退き、一睡して家に帰った。また馬喰町に住む齢四〇余の大坂屋長兵衛も四升あまり飲み、近くで酔い臥したが、翌朝辰の刻に起き、また一升五合をかたむけて二日酔いを解き、昨日の人々に一礼して家に帰ったという。酌をする女たちも、五合や七合程度の飲酒は平気だった。

平安時代亭子院（ていじいん）の大酒飲み会では、参加者はわずかに八人、しかも皆酩酊してひどい有様になったが、江戸後期の面々はけろりとしている。生活が豊かで、普段から大酒を飲める環境にいたからだろうか。

第六章　化政期金沢の食文化

『鶴村日記』を読む

金沢は、江戸時代に「三都」とよばれた江戸、京都、大坂に次いで大きな町であり、幕末の人口は八万人を数えたといわれる。ここで江戸から場所を移して、あまり知られていない北陸の城下町金沢の食文化について見ることにしよう。

資料に用いたのは金子鶴村（一七五九―一八四二）の『鶴村日記』[1][2][3]である。鶴村は鶴来（現・石川県白山市）出身の儒学者で、近世の北陸を代表する文化人である。幼少の頃から学問においてきわだった才能を示したが、天明年間に生家が二度も火災にあったため、経済的には困窮状態にあった。しかしその才能を惜しんだ富豪明翫家の後援を得て、京都の儒学者皆川淇園（一七三五―一八〇七）について学ぶことができた。帰国後は後援者の奔走により、小松藩に庶民の子弟を教育する集義堂が開校し、その初代教授に就任した。さらに幸運は続き、加賀藩の重臣今枝家に召し抱えられることになり、文化二年（一八〇五）以後は金沢に住むことになった。

『鶴村日記』は著者の大病などにより途中欠けている年もあるが、文化四年（一八〇七）から天保九年（一八三八）までのおよそ三一年間にわたって書き続けられた。日記は鶴村が日常生活を克明に記したものであり、儒学の講義や書画骨董の鑑定、金沢の文化人、庶民との交際、冠婚葬祭、今枝家をはじめとする加賀藩の政治と経済、遠く江戸や京都、対外事情に至るまで几帳面に書きとめられている。

自然科学の分野では、毎日めまぐるしく変化する北陸の天気、大雨や地震などの災害、各種漢方薬の調合、投与法、長崎経由で入手した珍しい世界地図や望遠鏡、金沢における蘭学知識の普及などに関する貴重な記録もある。さらに今枝家や加賀藩の重臣宅における宴会料理にとどまらず、寺院の茶会や報恩講の精進料理、年中行事や毎日の食事献立、弟子や近所の家、親戚との食品の贈答について克明に記録されており、金沢の食と酒に関して多くの知見を得ることができる。

小京都ともよばれる金沢は、多くの面で京都文化の影響を受けており、能、友禅、和菓子など共通項も多いが、日本海に近く新鮮な魚介類が入手できることもあって、金沢独自の料理や貯蔵法も発達したのである。

城下町の生活

金沢の町は、浅野川と犀川にはさまれた台地上の城を中心に発達し、武家屋敷は城の周辺に面状に広がっていた。鶴村が仕えた今枝家の屋敷は香林坊の近く、現中央小学校のあたりにあった。香林坊から片町の方へ下ると犀川に突き当たるが、当時から今と同じ場所に大橋が掛かっていて、橋のたもとでは多くの店が営業していた。河原は夏の夕涼みなど、市民にとって憩いの場であり、時には芝居小屋も建った。

鶴村は金沢では竪町（たてまち）、河原町、寺町など何度か転居をくりかえしたが、主に住まいを構えたのは寺町だった。各宗派の寺院が集められた寺町は、犀川沿いの小高い台地上にある。現在は道路が拡幅されて寺院の境内も狭くなっているが、彼が毎年花見をした松月寺の桜は、天然記念物に指定されている。犀川大橋の南側には神明宮という神社があり、春秋の祭や芝居が開かれた。川岸は崖で、崖の上には早くから料理屋などが立ち並び、当時の絵図にもその有様が描かれている（口絵2）。庶民の住まいはここから北国街道に沿って線状に立ち並んでいた。鶴村の故郷鶴来は、平野部が終わって、白山の入り口にかかるあたりに位置している。春秋の墓参も早朝金沢を立てば、昼飯前には鶴来に到着し、楽に日帰りできる程度の距離である。

儒学の講義は御屋敷、つまり今枝家をはじめとして、その他山崎家、前田万之助家、前田織江家などで日を決め、論語、左伝、荘子、大学などの講釈を行ない、自宅でも武士、町人、僧侶などの弟子をとって教えた。師の皆川淇園同様、鶴村もすぐれた画家であった。他にも方々から依頼される文章の添削や、絵描きなどの仕事があり、また宝集寺、西方寺、松月寺の住職たちや、出口順伯、明石随節など金沢の文化人との書画の会、骨董品の鑑定などで結構忙しい日々を送っていた。

現在と違って冬の寒さは厳しく、しばしば雪は二尺も積もって民家の屋根を押しつぶすこともあり、硯の水や油も凍るほどだった。ふだんは流れのゆるやかな犀川も、雪解け水の多い四月、梅雨時、秋の台風時には、しばしば急に増水して洪水となった。大橋が流されると再建されるまでの間、交通は舟橋や渡し船に頼らざるを得なかった。

庶民の娯楽は、城中や寺で行なわれる能、狂言、犀川の河原や外港宮腰での芝居であり、女たちは泊りがけで見物にでかけた。平和な時代の城下町でも、時には殺人、自殺、心中、喧嘩などの事件が起こった。日記にはこうした事件や、人から聞いた奇談、怪談のたぐいにいたるまで、実に克明に記録されている。江戸や京都の火災、地震による被害状況についても詳しい。また文化年間からはじまるロシア船の来航、英国人のトカラ列島宝島への上陸事件（一八二四）、シーボルト事件（一八二八）などの大事件も、意外なほど短時間で情報が伝わっているのには驚かされる。

家族

鶴村と先妻るいとの間に生まれた長男謙蔵は、るいが若くして病死し、男手では育てることができなかったので、小松の宮丸屋又左衛門のもとに養子に出し、後に小松の松原南岡の娘の婿養子とした。謙蔵の子松原仙良は後に江戸に遊学している。

後妻ふさとの間には、長男清兵衛、次男章蔵、長女縫、次女益の四人の子供が生まれた。清兵衛は鶴来で妻おせいと染物屋を営み、次男章蔵が学問の道に入った。章蔵は文政二年（一八一九）、まず京都に上り、三宅又太郎に師事したが、師が亡くなったために三年六月、江戸の古賀小太郎の下に入門した。江戸遊学中も鶴村とは頻繁に手紙のやり取りがあって、江戸における大小さまざまな事件は約二週間程度で金沢に伝えられている。章蔵は文政一一年一旦金沢に戻ったが、一二年秋には江戸再遊学の願いが認められ、期間を延長することができた。一三年に鶴村の後を継いで今枝家に四人扶持で召し出された。以後鶴村は講義の仕事は章蔵にゆずって悠々自適の隠居生活に入り、時々章蔵の代講をつとめる程度であった。

長女縫は文化一四年（一八一七）、男児亥太郎をつれて小松の医師富沢良彦のもとに嫁いだが、文政三年に夫が病死すると鶴村のもとに戻った。天保元年（一八三〇）から体調不良となり、翌二年二月病死。次女益は文政五年六月、天然痘のため病死した。いずれの場合も、日記は主観をまじえずきわめて冷静な筆で病気の経過、投与した薬の種類にいたるまで事細かに記録している。子供四人のうち二人までが早世し、また妻ふさも文政九年（一八二六）に脳卒中で倒れて、その後天保七年（一八三六）に病死するなど、家族に先立たれた鶴村の晩年は寂しいものであった。鶴村自身も脳溢血のゆえか、天保二年八月に一時言葉が不自由になった。この時はすぐに回復したものの、次第に病気勝ちとなり、日記の記述も簡略化した箇所がふえてくる。そして天保一一年に亡くなった。

食材

金沢の正月では、贈答品としてぶりやにしんのすし、鴨がやりとりされている。また春になると鶴村の故郷鶴来からは、山の幸である独活（うど）、やまのいも、蕨、ぜんまい、竹の子、酒づくりの副産物酒粕などが届けられた。茶も郊外の野田あたりの茶畑で摘んだ新芽を自宅で加工した。

〇妻茶摘ニ行八つ頃七百目摘来る、制法からいりニして少シもみ、次ニ火ニかけて少もみ、夫ゟ五へん火ニかけて夕食し、夜中又微火ニ而数へん炮し明朝松月寺ニ而ほいろニかけもらい申事

（文政二年四月晦日条）

茶の葉は揉んで火にかけてから乾燥させる。「ほいろ」とは製茶に用いる乾燥炉で、毎年近くの松月寺から借用した。先進地である京都宇治の茶の製法が気になったようで、京都へ旅行した友人に尋ねている（文政三年四月一一日条）。毎年五月の入梅後には松月寺で煮梅をつくった。

海が近い金沢は、新鮮な魚介類に恵まれているが、時には門下生が川や潟で釣り上げた「うぐい」などの魚を届けてくれ、膾（なます）にした。また鶴村の自宅には畑があってきゅうりなど野菜を栽培し、庭の枇杷の実は毎年商人がまとめて買っていった。夏場の食事は素麵が多く、果物は主に瓜である。西

図32 『民家検労図』より茶摘みと製茶の図（石川県立図書館蔵）

瓜は井戸につけて冷やしたものをよく食べた。秋になると鶴来からは栗、柿、茸類が届けられた。蕎麦は寺院における振る舞いの際や僧侶を招いた食事でよく出されている。

北陸の冬は長くきびしい。したがって冬の食材は大根一つとっても、八〇〇本、一〇〇〇本とまとめて大量に購入し、洗ってから漬け込まねばならなかった。

珍しい食材についてはその都度書き記されている。たとえば落花生だが、この作物が中国から渡来したのは一七世紀末の延宝年間とされる。食用、油糧用だが、金沢では珍しかったらしく、絵入りで紹介している（文化一三年八月二日条）。

魚介類

『鶴村日記』の文政五年（一八二二）閏一

月七日条には、金沢外港に寄港する北前船が運ぶ貨物の内訳が記載されている。それによると二月中旬の一番船は主に干大根、干鱈、干鮑、鯖、数の子を運ぶ。夏に来る船は総にしん、身欠きをはじめとしてさまざまな加工にしんを載せた。八月の荷物は有名な函館の志海苔(しのり)昆布、春はきざみあらめ、四月の船はかくてん（寒天か）と干こんにゃくだった。金沢では当時から海産物を中心に北海道との交易が盛んで、金沢の料理にもよく使われている。

海に近い金沢は四季を通じて新鮮な魚介類を入手できる点が山に囲まれた京都と違い、魚介類を用いたさまざまな料理が発達した。にしん、鯖、ぼらなど大衆魚のほか、高級魚の鯛や鰤(ぶり)もよく食膳に上り、豊かな食生活ぶりがうかがえる。調理法は刺身、膾(なます)、焼魚（鯛、かれい）、すし、吸物（鯛うしお煮、鱈、鮒、はまぐり）などである。

鶴村が今枝家を訪れた折に、当主が宮腰（現・金沢市金石）から献上された鯛を刺身とうしお煮にして振る舞ったこともあるし、また家臣が前の晩に投網で捕えたぼらを即うしお煮にして食べたこともある。鯛よりも油がうすくはなはだ美味だと鶴村はほめている（天保二年五月一日条）。

はもの焼き身が鉢肴として出されたことがあったが、骨切りが面倒なこの魚はふつう食べない。「はも焼身此品京師以来不給甚珍」（文政一二年一〇月三日条）と、鶴村は若き日に学んだ京都のはもを思い出して喜んでいる。同じく京都でよく食される「ぐじ鯛（甘鯛）」は、金沢でもよく食べた。

日本のすしは飯と魚肉を長期間発酵させた鮒ずしのような「なれずし」にはじまって、やがて発酵期間を短縮した「なまなれ」が室町時代に登場し、さらに江戸時代末期の文政年間になって早ずしの一種である「にぎりずし」が登場した。現在では地方の特色のあるすしは急速に姿を消し、江戸前にぎりずしが主流だが、日本海沿岸にはまだ豊かなすし文化が残っている。金沢の正月料理「かぶらずし」は、鰤の切り身をかぶらと麴ではさんだ、きわめて贅沢なすしである。かつては裕福な商家でしか味わえないすしだったが、庶民用には安価なにしんの切り身を大根ではさんだすしもある。いずれも米飯は使わない。

『鶴村日記』によれば、この時代さまざまなすしが存在した。使用する魚介類はにしんと鰤が多いが、他にぼら、鮎、鯖、あんこう、鱒、鮭、しいら、鱈、鰯、ふぐ、はまぐりなどもあり、鯨もすしにされている。数種類の魚介類をまぜる例が多く、たとえば鰤、はまぐり、にしん、あるいは鯖、鮭、はまぐりなどの組み合わせがある。にしんと鰤のすしは毎年一二月上旬に仕込み、正月から二月頃までに食べ終わるので、本格的ななれずしと思われる。ただし米飯の有無は日記の記述からはわからず、現在と同じだったか断定はできない。にしんと鰤のすしに関する記述は正月と二月に集中している。金沢や鶴来ではすしは各家庭で仕込み、正月に贈答品として用いたが、鶴村はすしの味に関しては格別うるさく、隣近所や鶴来の親戚からもらったすしについて、「甚味よし」とか「風味悪し」とか、一々批評している。

「早ずし」と明記されているすしは祭の日などにつくられる一夜ずしで、その種類はきわめて多い。いくつか拾ってみると、鰤・にんじん・青海苔（文化五年三月四日条）、鯛・生姜・蓼（天保二年九月一四日条）、鯛・ゆひじき・生姜・茄子（文化五年八月二一日条）、ぼら・にんじん（文化一〇年二月五日条）など。すしは手近な魚でつくるものだったのであろう。

他に「生ずし」というのが鯖と鱒でわずかにある。京都の生ずしのように、鯖の切り身を酢じめしたすしだろうか。夏場寺院で出される精進のすしには、茄子・瓜・みょうが・生姜・湯葉を用いることが多かった。また「飯すし」には、ささげ（大角豆）・酢醤油・針生姜（文政九年七月一一日条）、葉生姜・茄子・蓮根・ひじき（文政九年八月二一日条）のすしもある。このように厳寒期にはゆっくり発酵させて魚の旨味を引き出す「なれずし」、春から秋にかけて魚肉がいたみやすい時期には新鮮な魚介類を用いた「早ずし」、法事などでは「精進のすし」と使い分けている。

水産物の発酵食品としては、他に米糠、酒粕、味噌を加えた糠漬け鰯、鱈の切り漬け、鮎の味噌漬け、鰤の味噌漬けと塩辛が挙げられる。「鱈の雪漬」とは、鱈を雪に漬けた冷蔵品だろう。水産漬物とすしの区別もなかなか困難で、両者の境界は次第にあいまいになった。米飯がなくとも鯖の切り身を酢じめにした「生ずし」はすしであり、また魚がなくとも酢じめにした野菜と酢飯があればこれもすしとなるからである。塩辛にはあめ（魚）、ごり、鱈、海鼠からつくる海鼠腸（このわた）があるが、出現頻度はそれほど高くない。

鳥類

秋から冬にかけて大陸から北陸に飛来するさまざまな鳥を捕えて食用にしているが、なかでも河北潟の鴨は贈答品としてよく用いられた。つぐみやひわなど小鳥の料理も多く、こうした鳥料理は現在に至るまで金沢食文化の一つの特徴となっている。

料理の献立

日記には、鶴村が仕えた今枝家における饗応、書画の会、闘茶会、正月、春の花見、遊山、祭、秋の菊見、さらには誕生、結婚、送別、葬式、法事、報恩講、晋山式など、人生のさまざまな儀式、年間行事の献立が一々詳細に記録されていて、化政期金沢の食文化を知る上でまことに貴重な資料となっている。以下その内容を検討する。

茶懐石

茶会の軽食を起源とする懐石料理は、その後正式な日本料理として発展していった。汁一品に向付(むこうづけ)、煮物、焼物の三品のおかずがつく「一汁三菜(いちじゅうさんさい)」を基本とするが、さらに吸物、八寸、香の物、湯などを加える場合もある。

日記によると食事の最初に供されるのは、多くの場合「落付(おちつき)」、あるいは「座付(ざつき)」とよばれる軽食である。また「小ふた」も、たいていある。鉢の小さな蓋に盛ったのであろう。大きな器に盛る場合は、「広ふた」という語がある。

以下使用する器によって分類すると、「猪口(ちょこ)」、「鉢」、大人数の会では大皿に盛りつける「大皿」あるいは「小皿」がある。また調理方法によって分類すると、「汁」あるいは「吸物」、「焼物」、「炙り物」、「煮物」、「あえもの」、「あつもの」、「刺身」、「膾（なます）」、「茶碗（茶碗蒸し）」などであるが、基準は必ずしも明確ではない。「後段（ごだん）」は食事後の軽食で、最後に「御菓子」が出る。

さまざまな会合における献立の中から、当時の金沢の食事を代表すると思われるものを取り出してみよう。文化六年六月七日朝、茶の湯の懐石は、向付（塩鱈、花かつお）、汁（味噌、建仁寺納豆）、煮物（茄子）、茶であった。朝の茶会らしく、焼物のつかない一汁二菜の簡素な献立である。

文化九年一一月一三日、今枝家における茶会の「御会席料理」は、向付（あいきゃう、きざみきんかん、糸あらめ、へぎうど芽の三杯酢）、汁（せんはへん―はんぺんの意か、松露）、煮物（鴨、牛蒡、水菜）、焼物（鯛）という、典型的な一汁三菜の茶懐石料理である。

文政一〇年一〇月一八日、同じく今枝家における茶会の懐石料理には汁と吸物が出て、より豪華な献立だった。向付（かんなするめ、うど芽、割九年母三杯酢）、汁（岩茸、蕪の葉一枚）、煮物（鴨五切、大ふか五筋、四角い椀の絵が描かれている）、焼物（鮭味噌づけ）、吸物（すまし、蒸し貝、小梅干）、菓子（竿羊羹）、後入　御茶御自身　水指（朝せん物）、茶器　杓、花生（山茶花）、くさり、御小ふた（焼鮭、銀杏、麩）、吸物（しじみ貝）、大猪口（鯛切身酢味噌）、薄茶、口取であった。

精進料理

僧侶は基本的には菜食主義であったから、鶴村も親しく交際していた寺町諸寺院の僧侶を招いた際には精進料理を出した。

文政三年三月一四日、松月寺の和尚が昼時に来宅する。献立は酒、小ふた（蓮根、烏芋、胡羅蔔）、吸物（藤屋蘭渓から二〇年を経た味噌を贈られたので味噌汁。湯葉を加え小菜で出す）、膳向（角天、海ぞうめん、川茸）、汁（小豆、豆腐）、煮物（汲豆腐、わさび）、あつもの（焼麩、蕗、栗、岩茸、竹の子）、菓子（寿）、茶であった。長持ちする味噌でも、二〇年物というのは珍しい。鶴村も松月寺で味噌飯、茶飯、蕎麦、胡麻豆腐などをたびたび振る舞われている。

祭の献立

八月、九月の祭の献立は、赤飯、早ずし、酒が多い。前日から各家庭で準備した。文政八年九月二日、夕方の講釈後に祭のごちそうが出た。菜飯、田楽、酒（清酒と濁酒。濁酒がことによいとほめている）、汁すまし（鱈）、すし（鱈）を楽しんだ。

報恩講の献立

文政八年一一月七日、浄土真宗の宗祖親鸞上人を偲んで行なわれる一一月の報恩講の献立は当然精進料理である。この日の客は隣近所の町人であった。汁（小豆をこして豆腐）、向付（大根、にんじん、生姜、せり、ひじき）、煮物（飛龍頭）、煮豆、あえもの（にんじん胡麻あえ）。

その他によく食べられた御飯物として、花見時の「菜飯」や松月寺でよく出された「ごもく飯」、茗荷、椎茸、氷こんにゃくのすまし汁を麦飯にかける「かけ汁」の昼食（文政七年八月一二日条）などがある。

料理屋

先に述べたように犀川南岸の台地には江戸時代からすでに何軒かの料理屋があって、その繁昌の有様は金沢の古絵図にも描かれている。寺町には現在も「つば甚」という名の料亭があるが、当時は「つば屋」、「周楽亭」などの屋号も見え、さらには鶴村が町人の饗応のために自宅座敷を提供し五枚町の「越前屋」が仕出し料理を届けたこともあった。

文化五年七月二六日、寺町の料亭「十楽亭」における献立は次のとおり。小ふた（玉子、河たけ、梨）、吸物（味噌、大鮒山椒煮）、焼物（鮎蓼酢）、あつもの（麩、つむぎ、くりたけ）、膳向（鯛、海ぞうめん）、御汁（すまし、かぶら骨）、焼物（鯛）、煮物（あわび、麩、くわい、玉子とじ）、薄茶、菓子いろいろ。

「吸物」はふつうすましだが、味噌仕立ての場合は、「味噌」と書いてある。逆に「汁」がすましの場合もその旨明記されている。夏なので鯛は海ぞうめん（海藻）と一緒に、鮎は辛い蓼酢をつけ、鮒は生臭さを消すため味噌と山椒仕立てである。魚介類の豊富な金沢では鯛も特別の魚ではなく、日常の献立にもよく登場する。「つむぎ」は小鳥のつぐみで、たたいてミンチ状にしたものであろう。

弁当

郊外の野山への遊山には弁当を持参した。いずれも提重にごちそうを詰め、酒もついた豪華弁当である。文化一四年四月一四日、小松近くの釜谷へ家族と出かけた折の弁当。壱重（あん入団子）、壱重（竹の子、きくらげ、麩、くしこう、玉子とじ）、壱重（あいきょう、実くるみ、水から）、壱重（切飯）、壱重（香の物奈良漬なすび）、酒。

もちろんふだんの弁当はもう少し質素である。家族が近所の神明宮へ芝居見物に出かけた折の弁当は、麩、隠元、ささげ、くわい、しいたけ、氷こんにゃく、青昆布、瓜なます、瓜しそ、よりてんだった（文化一三年七月六日条）。

真夏のためか、腐りやすいタンパク質は避け、すべて精進ものである。くわへはくわい、氷こんにゃくは冬にこんにゃくを凍結、解凍した高野豆腐様の食品、よりてんは寒天であろうか。

天保四年五月七日、次男章蔵が外出時のおかずは、鯛に切り身、香の物は奈良漬塩茄子といたって質素である。

外食

庶民が手軽に立ち寄れる蕎麦屋も泉一丁目と博労町に数軒あった。寺町には玉泉寺の前に防火のためふつうより広くした「広見」とよばれる道路があるが、ここにも蕎麦屋があって、鶴村と家族はしばしば利用した。この時期金沢でも外食は盛んだった。しかし毎日白米食を続けていたためか、鶴村は文化年間から栄養障害である脚気に悩まされていた。またしばしば悪寒、発熱、下痢などの「不快」のために講義を休むことがあり、そう健康体とは言えなかった。病気の折は割粥、干し瓜などを食べた。

油料理・肉料理・異国料理

調理法は基本的には煮るか焼くかだったが、まれに茄子や鰯を胡麻油で揚げており、いずれも非常に美味だと述べている。また「てんほろ」はおそらく天ぷらを指すと思われるが、鯨や、鶴来から届いた猪肉のてんほろが登場する。鶴来産の兎や熊肉も回数は少ないが食べている。

さらに珍味として、琉球渡りの塩豚に葱をあしらって煮たところ甚だ美味だったという記述（文政一一年四月二一日条）、あるいは鶴村のために酒で煮たすっぽんが美味だったという記述（天保七年五月一〇日条）もあって、必ずしも肉食が忌避されていたわけでもない。

長崎における清人向け中華料理の献立を一々詳細に写した個所など、人からの又聞きだろうが、珍しい異国料理に対する鶴村の強い好奇心を示している。その献立は豚肉を主体とした団子、煮物、それに骨付き鶏の砂糖煮、鳩肉の細身、あわび、塩漬卵、つまみに瓜の種、デザートに梨、九年母（くねんぼ）が出るなどきわめて豪華な内容である（文化一三年八月七日条）。

酒

祭の日には濁酒をつくることが黙認されていたようで、「濁酒」、「濁醪(だくろう)」という語は、八、九月の祭礼日に赤飯と共に多く見られる。清酒は上方伊丹の名酒のほか、地元産の「翁草」、「甘口」、「菊之露」(鶴来産)、「初花」、「花蜜」、「松竹梅」(能登産)などの酒銘が挙げられている。金沢の酒銘すべてを掲げた資料は残念ながら見当たらないが、江戸、京都、大坂に次ぐ人口をかかえる金沢でも多くの造り酒屋が営業していた。明治時代の資料にも「花蜜」の銘が見つかり、複数の酒屋でつくられて、昔は蜜のように甘い酒が好まれたことがうかがえる。また菊酒が名産のこの地方では「菊」のつく酒銘が多い。鶴村は、鶴来の谷屋与三右衛門から頼まれて「初花」の銘を入れた和歌を贈ったお礼に、後に谷屋から酒や酒粕をもらっている。

珍しい酒としては三年酒、古酒、蒸留酒の火酒、さらには薬酒として保命酒、淫羊霍(いんようかく)(イカリソウを加えた薬酒)もある。鶴村は酒のつくり方にも興味があったようで、能登の酒造法を尋ねて書き残しているし、以下のような「寒造酒之方」もある。

こうし壱升弐合　むし壱升　水壱升

右寒ニ入八日めニ造るよし○むしを能さまして一粒〱ニなる様ニ能々はなしこうしも能くもみ

て一粒ニはなし、むしとこうしを能々雑合セ水を入て能交ゆる、至てからくなる也、其後口はりして、来四月ニ入て出ス、上ニ赤きかび渡る事有り、又上のすむ事も有てかびの渡るハ猶更よし、そのかひを取かいを遣て下ゟ交合てのむなり（文政七年一二月晦日条）

「こうし」は麴、「むし」は蒸米を指す。「からくなる」とは、発酵によるアルコールの生成を意味した。糖化の安全を期するためか、ふつうは蒸米の三割から四割であるべき麴が、蒸米の一・二倍と、逆に多くなっているのが興味深い。醸造規模からしても、蒸米と麴を何回かに分けて加える「掛け」という操作がない。四月まで放置し、表面にかびが生える方がよいというのはいささか乱暴である。かびとはいわゆる「醪蓋（もろみぶた）」のことかも知れない。これは自家用手づくり酒の製法であろう。次のような「濁醪法（だくろう）」の記述があるが、これも当時一般的な濁酒のつくり方だろう。

もち米五合但上白よく〳〵とき水ヲよくかへむしてさましこうし壱升〆壱升五合、是ニ水五合五日ノ後うる米弐升むし麯（麴）弐枚合て水弐升、如此かけて後は毎日三度程まわし、五日立て前のとおりかけてもよし、此わりニ而分量をまして作るもよし（文化九年八月朔日条）

もち米でスタートする点が面白い。これも麴の量が多い。「うる米」はうるち米のことで、こちらは「掛け」を行なっている。

その他発酵食品

味噌は秋から冬にかけ、一斗単位で家庭で搗いた。麹は購入した。まれに「白味噌」、「尾張味噌（名護や味噌）」、「待兼味噌」などの名前を見出すことができる。味噌は日持ちがよいので、二〇年を経た味噌をもらい、味噌汁にして飲んだ記録もある（文政三年三月一四日条）。他に調味料としては、現在まで続いている金沢郊外大野の「大野醬油」、「なんば醬油」、また醬油が一般化するまではよく用いられた、味噌を水に溶かしてつくる「なまたれ」もある。漬物は奈良漬が多い。

鶴村はもろみ味噌の製法を小堀氏に習っているが、その割合はもろみ一升、麹一升、酒六合に塩三合となっている（文化五年六月二八日条）。また、「浜納豆」はかつて禅寺で広くつくられた寺納豆の一種で、粘り気のない塩辛い大豆発酵食品だが、彼はいつも寺町立像寺製のものを絶賛している。

天保飢饉

鶴村は江戸時代の三大飢饉のうち、天明飢饉を郷里の鶴来で、天保飢饉を晩年金沢において体験している。日記の記述から、金沢における状況を紹介してみたい。

天保七年（一八三六）は、正月はじめから雪の多い年で、六月からは雨天、曇天の天候不順であり、綿入りの給を着るほど寒い日が続いた。隣国越中では霰も降った。七月も雨天勝ちで寒い日が多く、江戸では大風が吹いた。この頃から近在の本吉や小松では米の値段をつり上げる米屋を人々が打ちこわしはじめている。一二月に入ると江州における飢饉の状況が金沢に伝えられている。

しかし金沢では特に食物が不足して困ったとの記事はない。六月に開かれた大坂の町人たちを招いた宴会など、日記のなかでもっとも皿数が多い豪華な献立である。しかし栄養失調ゆえか、鶴村宅では七月はじめから妻が激しい下痢をともなう大病を患い、八月二二日死去した。鶴村にはつらいことの多い年だった。

飢饉の状況は翌八年の方が深刻だったようである。日記の記述は飛び飛びだが、鶴来では五月になって飯米が不足しはじめた。この年も春以来寒い日が多かったが、次第に天候は回復し、畑作は五〇年来の豊作となった。しかし天明飢饉以来となった前年の凶作ゆえに、六月、七月と米価は高騰して人々は雑食をせざるをえず、またさらなる不作を恐れて春小麦、大豆、小豆などを買いためて備蓄したとある。

『鶴村日記』は翌天保九年八月で終わっているが、前年大坂では大塩平八郎の乱が起こり、江戸では米価高騰による旗本の困窮から、同様の事件の再発が心配されていた。金沢でも通貨が払底し、作物泥棒が横行するなどまだ騒然とした世情であった。

第七章　凶作と飢饉の中で

濁酒、雑穀酒、自家用酒づくり

江戸時代の一つの特徴は都市と農村間の大きな格差である。江戸の繁栄だけを見ていると、皆が豊かな生活をし、酒も大量に消費されていたように思いがちで、地方農民の悲惨な生活の実態はなかなかわからない。東北地方、南部八戸の酒に関しては、かつて拙著『江戸の酒』で元禄期の飢饉と酒づくりを取り上げたことがある。[1] 同じ東北でも、南部の畑作地帯と津軽の水田稲作地帯では気候風土、人々の気質、酒のあり方も大きく異なっている。そこで本章では八戸、軽米、三戸、津軽地方における飢饉時の酒づくり、珍しい雑穀酒や自家用酒についても述べることにしたい。

八戸（はちのへ）

南部八戸藩領は八戸を中心にして三戸郡、九戸郡（現・岩手県）におよび、飛び地の志和郡（現・岩手県）も含め、合計で八三か村だった。その大部分は夏に太平洋側から「やませ」が吹く寒冷な土地であり、もともと米作には適さなかった。したがって冷害、凶作の年には、米を大量に消費する酒づくりは、真っ先に制限されることになった。

信州浅間山が大噴火して気候が一気に寒冷化した天明三年（一七八三）は、八戸地方でも大飢饉となった。藩では早くも六月から五穀成就の祈禱などを行なっている。

米を消費する商売は、清酒屋、濁酒屋、それに味噌、醤油の原料になる麹をつくる麹屋である。この地方の清酒には、九月末から一〇月はじめの稲刈り時に醸造を許可される「稲刈酒」、一〇月末の「新酒」、一二月はじめの「寒造り酒」があった。等級は上から順に「諸白（もろはく）」、「片白（かたはく）」、「並酒」だった。まだ酒に銘はついていない。毎年公定価格が定められたが、諸白と並酒にはあまり価格差がない。並酒の下に最下級酒の「濁酒」があった。

八戸藩領内の酒屋には清酒屋と濁酒屋とがあり、生産量は米の作柄を見てから制限、または緩和される。凶作になるとまず価格の高い酒から制限された。手軽に安くつくれる濁酒に関しては、ふだんは為政者側も比較的寛容だったが、状況が深刻化した天明三年は、早くも七月から濁酒屋も営業停止となってしまった。漁師が身体を温めるのに濁酒は必要だからと、ふだんなら例外として生産が認められるのだが、七月末になると八戸湊、久慈湊の濁酒屋の数もきびしく制限され、八月には全面停止が命じられた。こうなると酒屋は「休箒（やすみぼうき）」つまり、休業せざるをえない。使用できないように、酒造道具類は紙で封印されるのである。

九月に入ると早くも餓死者が出はじめ、飢饉はさらに深刻な様相を見せた。久慈八日町の数軒の酒

図33　天明の飢饉の惨状（小田切春江編『凶荒図録』1885年より）

屋は仙台、盛岡領からの米を使う「中濁酒」の商売願を提出したが却下された。

翌天明四年も深刻な状況は続き、八月九日、この年の「稲刈酒」は濁酒仕込みとするよう命じられた。比較的制限が緩かった濁酒を密造する者が現われたため、五年には藩の「濁酒商売吟味役」が摘発し、「隠濁酒商売」の者に罰金を科し、濁酒桶と麴室も封印した。

天明七年になると、ようやく状況も好転してきた。当初濁酒は雑穀による仕込みを命じられたが、その後の稲作が順調なので、米で仕込んでもかまわないとの通達が出された。雑穀とは主に「囲稗（かこいひえ）」として備蓄されていた稗である。[2]

後年天保四年（一八三三）の飢饉に際しても、まず麹屋、濁酒屋から休業を命じられた。同年九月に白銀村の濁酒屋弥兵衛は、米不足のため雑穀による濁酒造願を提出している。その理由は、漁師は濁酒がなければ出漁できないからという。ただし許可が下りても、礼金として三両一分を納める必要があった。

天保七年一〇月の清酒、濁酒、麹の石高を見ると、飢饉による酒造制限のため清酒はほとんどなく、大部分が濁酒で、最高一二五石程度のつくりとなっている。休業する酒屋と営業を続ける酒屋の話し合いで、生産量を決めた例もある。また八戸に一軒ある麹屋の米使用量は五〇石である。[3]

軽米（かるまい）[4]

現在では岩手県九戸郡にある軽米は、人口一万二〇〇〇余の小さな町である。年間平均気温八・七度、年間降水量が九四八㎜と冷涼、乾燥した気候で、町面積の七六％を山林が占めている。米作はむずかしい土地であり、冷害に抵抗力のある雑穀の稗などが栽培されてきた。しかし現在は、健康によいとされる各種の雑穀が町の特産物となっている。

軽米の地頭であった淵沢家は、農業の他に質屋、酒屋など多くの事業に関与していた。同家は宝暦年間から小作米を使用した酒づくりをはじめ、自宅敷地内には立派な酒蔵も建っていた。天保一四年

（一八四三）に八戸藩御勘定所から与えられた酒造鑑札には、「百姓五郎助」の名で酒造米高五〇石となっており、この地方では比較的大きな酒屋だった。

小規模で税収源の少ない八戸藩の財政はつねに逼迫していた。そこで藩政改革を手がけた代官野村軍記は、あらゆる産業に手当たり次第に税金を課し、強制的に産物を買い上げる苛酷な政策をとったが、それは領民の不満を高め、結局天保五年の農民大一揆の引き金となった。

酒屋も例外ではなく、酒の造り高に応じて税金を納めることはもちろん、役人が巡回してくればその都度「見舞金」を渡し、饗応しなければならなかった。天保二年（一八三一）四月、軽米の酒屋たちは、十分なもてなしができないからと役人の宿泊を辞退しているが、本音はこうした負担に耐え切れなかったのであろう。

軽米における酒づくりの規模はどれくらいだったのか。酒屋の所有する道具の数は、酒づくりに入る前に役人が酒蔵を巡回して書きとめ、許可された石数以上の仕込みに必要でない道具類は、紙で封印することになっていた。元屋五郎助宅、つまり淵沢家では、天保二年一〇月二四日の酒造道具改めの際、醪入り四尺五寸桶一本、同三尺五寸桶一本、小出し三尺桶一本、空の五尺五寸桶七本中二本、空の五尺桶二本、空の四尺五寸桶一本が記録のうえ封印されている。使用しない空桶がかなりある。

残りの道具は、四尺五寸桶一本、酛卸桶（もとおろしおけ）（酛づくりに使用）四本半、半切桶（はんぎりおけ）（蒸米をすりつぶすための、浅いたらい状の桶）一五枚しかない。酒屋にはかならずある掛船（酒船ともいう。醪を搾る四角い船様の道具）については、役人はわかりきったこととして書きとめもしなかった。しかしこの際役人に見せたのは手前にある道具だけで、奥の道具は見せずに隠してあったのである。

五郎助は、去る寅年（天保元年）の酒造規模は、五二二石九斗三升二合の米を使用して、三九本の桶に仕込みを行なったと申告した。一本当たり一三石四斗八合となる。また卯年（天保二年）は八月六日から一〇月二三日までの間に二四七石の米を買い入れた。このあたりではかなりの規模である。

検査の際、「新桶が不足しているのに三九本もの仕込みはどうするのか」と質問があったが、「桶と掛船をもう一艘ふやしたい」旨を内々に要望していたこともあって、役人は稗蔵と米蔵を見ただけであっさり引き揚げた。五郎助は、「一一月に入ってから封印されたのでは酒づくりに差し支える」と封印の解除願を提出し、直ちに許可されているが、その際「封印紙が傷まないように剝ぎ取って持参せよ」と言われている。役人と酒屋の間にはあらかじめ約束があって検査はかなり融通がきき、封印も形だけだったように思われる。また濁酒は別に醸造するのではなく、清酒同様に仕込んだ醪のうち数本を、酒船で搾らずそのまま販売していた。天保元年は三九本仕込んだうち一本を「濁酒」とした。

天保二年には、八戸藩の命令で酒の一手仕込みが行なわれている。代官野村軍記の意向で呼び出された五郎助に勘定頭齋藤盛助の書付が手渡され、五郎助には軽米通で八石仕舞（一個の酛から醪ができるまでに要する米の合計高が八石であること）一五〇本もの仕込みが命じられた。ただし二年の寒造りから翌三年の「稲刈酒」までに仕込めばよいことになっていた。八戸藩では軽米通の造り酒屋から買い上げた酒を「日払所（小売り酒屋）」に売り、差額を儲けにしたい意図があったようである。

さてその後、酒の買い上げ代金は誰が払うのか、米を精白した際に出る粉糠、醪を搾った後の酒粕はどうするのか、桶の底に沈殿してくる滓（おり）はどうするのかなど、さまざまな課題があった。
一二月に入ってから、五郎助は足りない道具類のうち、大小の桶と掛船、竈、釜などを軽米町の七右衛門と助右衛門から借用して酒づくりをはじめた。八石仕舞で一〇〇本、諸白造り、七斗水でつくることになった。醪と清酒は大野（地名）の「日払所」へ輸送するのだが、日払所から苦情の書状が届く。遠距離であり、冬の雪道は大変だから、醪でなく搾って清酒にしてから輸送してほしい、立会人も出してほしいというのである。

最初から需要をよく見極めずに一度に大規模な仕込みをすると、酒が売り捌けず失敗することがある。この仕込みも、以後翌三年二月頃まで、「雪のために馬が道を通れないからしばらく保管してほしい」、「早く引き取ってほしい」とつくりすぎた清酒の保管に双方がかなり困っている様子がうかがえる。五月になってようやくすべてを日払所に引き取ってもらうことができた。

天保三年の夏は、七月末から八月はじめにかけて合計二〇石余の「損じ酒」が出た。損じ酒とは上槽後の酒が、変質、腐敗することをいう。「火入れ」とよばれる低温殺菌法が古くから実施されてはいたが、現実にはしばしば酒の変質、腐敗は起こった。こうした酒は藩当局に伺いを立てた上で、小売り酒屋に安く売却した。

天保六年も凶作だったが「稲刈酒」を仕込んだ。その理由は、酒が一円に回らなければ百姓たちはますます元気をなくしてしまうというものだった。原料米は近くの三戸、福岡、沼宮内（ぬまくない）から購入したが、米不足のため高価であり、予定量の半分も仕込むことができなかった。天保九年（一八三八）から翌一〇年にかけても、凶作による農村の困窮は続いた。藩に対して農民から御救金拝借願、藩の貯蔵する稗、粉糠などの拝借願が相次いで提出されている。

軽米の酒に関しては、九年が凶作だったので「休箒」、つまり酒づくりは中止したが、一〇年は稲の作柄も相応に見えるので、五郎助は造酒願を提出した。これは八月一九日になって認められぬと一旦却下された。しかし五郎助は再度濁酒での仕込み許可を願い出、こちらは結局九月二三日になってようやく許可された。

濁酒は長い間東北地方の農民の酒として愛好されてきたが、前述のように濁酒のみをつくる酒屋が存在したわけではなく、軽米周辺では清酒酒屋がこうした凶作年につくっていた。この時許可された条件は、

1　八石仕舞で一〇本つくること。

2　礼金は酒一〇〇石につき三両、事業税である冥加金が一二両、合計一五両。年四回に分け納めること。商売は一〇年一〇月から翌年九月まで。

3　濁酒の値段は清酒の三分の一で販売すること。

4　濁酒仕込み用につくった麴は、少しでも売り払ってはならない。

5　隠れて濁酒の販売をする者があれば、必ず相互に取り締まること。

6　許可された量以上に増石してはならない。

などで、濁酒は清酒よりも小売価格、税金が安いのが利点であった。

桶一本から酒二四石が取れ、一升につき利益三二文を上納することになった。醪を搾って清酒にする道具「酒船」は、この際不要であるから封印して、濁酒づくりすらも休む者や、村の主だった者に預けた。また他所酒を購入して小売するのはきびしく差し止められた。この後五郎助は、家老、御勘定頭、代官、組頭らにお礼金、酒、真綿などを贈り、その総額は一五貫文以上にもなった。

三戸

次の資料は三戸町（さんのへ）（現・青森県三戸郡三戸町）の与力だった石井家において、代々の当主が書き継いだ『萬日記抄（よろずにっきしょう）』(5)である。三戸は南部盛岡藩に属しており、山林に囲まれた町であるが、鹿角（かづの）街道が秋田方面に分岐する交通の要衝でもあった。同日記は、戊辰戦争における隣藩秋田藩との戦闘や、敗れた会津藩士の下北への移住など、激動期における小さな町の状況を詳しく述べている。

凶作続きのため、文久二年（一八六二）も藩からはたびたび倹約令が出された。一一月一二日には、これまで庚申（こうしん）の宴会では酒は清酒、吸物二つ、肴はさまざまあって蕎麦切りまで出ていたのだが、酒は手づくりの濁酒を持参すること、汁一つ、肴は三種までにすると定められた。その濁酒づくりは、万延元年（一八六〇）一二月一九日条によると、一二月はじめ頃から仕込みがはじまった。

濁酒仕込み法

二石入りの桶に原料として蒸米八升、麴二斗四升、水四斗をいっしょに加え、攪拌棒で攪拌しておく。飯はさっと冷まして右の桶に入れてよくかき回し、蓋をして放置する。翌日見れば大分発酵が進んでいるものである。

翌日桶にさらに水四斗、麴二斗四升を入れてかき回し、指加減で特にぬるかったならその日の飯をさっと冷まし、熱いところを入れること。加減がよく熱ければ右の飯を入れ、攪拌棒でかき回して指加減で人肌くらいの熱さになったら、三日目くらいに大分アルコール発酵が盛んになって泡が湧き上がり、醪が桶の端から離れる頃、攪拌棒で十文字に棒を立てて蓋をしておく。それから二日ほど過ぎたら攪拌棒でかき回し、蓋を取り、よく冷まして冷たい場所に静置しておく。麦の場合は、麴四合を加えるが、五合ならばなおよい。

この方法は三戸で一般的だった濁酒の仕込み法のようだ。市販酒とちがって酛をつくらず、掛けは一回、また蒸米に対する麴の割合が高いのは、確実に糖化を進めるためだろう。「麦の節は」とあるのは、米不足の際は大麦を使うこともあったからだろう。麴も麦でつくることは、米よりむずかしいものである。

イモ酒

西日本では広く普及したサツマイモも、寒冷地での栽培はむずかしかった。新世界が原産地のジャ

図34　高野長英の描いたジャガイモ（『二物考』1836年，国立国会図書館ウェブサイトより）

ガイモは、一六世紀末に日本に伝来したといわれ、「じゃがたらいも」とよばれた。しかし、寒冷地の東北北部や北海道では栽培はなかなか普及しなかった。探検家最上徳内や蘭学者高野長英らもジャガイモの栽培を奨励し、文化年間には下北半島でも栽培がはじまっていたとされる。

石井家当主の石井久左右衛門が文久二年（一八六二）に著した『年中行事』は、年間の農作業について詳しいが、ジャガイモの栽培記事はまだ見当らないので、これ以後にはじまったと推定される。

慶応四年（一八六八）正月六日に「寒製のいも酒今朝造候事」とイモ酒を仕込んだという記事がある。

その二日前に、いも一石を釜で煮つぶし、二石入り桶に水七斗三升四合、酛六斗、麹二斗二升五合、いも三斗三升三合を仕込み、今日精白大麦三斗三升三合を掛けた。さっと冷まし、人肌くらいの温かさにつくる。大麦八斗位の酒になるという。仕込みは濁酒であり、またいもは大麦不足を補うための代用原料として使用されているようである。しかし、あまりつぶしてしまうと粘ってしまい、操作がやりにくいためか、大麦と麹も加えている。

この酒がジャガイモ酒であろうと推定した根拠は、同日記の慶応四年閏四月二九日条に、野月の平畑に「五升いも」三八〇〇個ばかりを植えたとあるからである。たくさん収穫できるジャガイモは「五升いも」ともよばれた[6]。ジャガイモを原料にした酒の珍しい記録と思われる。

自家用酒

現在では自家用酒をつくることは法律で禁じられているが、明治三二年(一八九九)一月一日以前は「自家用料酒」、つまり自家用酒も許されていた。ただし販売はできず、「濁酒醸造届」を提出し、税金を納める必要があった。

明治政府は、なるべく酒屋のつくる清酒を国民に買わせて酒税を有力な財源とすることを企んでいたから、自家用料酒にかかる税金は次第に引き上げられて、まず自家用清酒が廃止され、三二年にはとうとう自家用濁酒も全面禁止となってしまった。

以下は明治一四年(一八八一)三月二一日、青森県三戸町における濁酒醸造届である。

濁酒醸造御届

一、大麦四斗　　一、糀壱斗六升　　一、醤糀三升五合

小以五斗九升五合

此醪　七斗七升

右之通自飲今般濁酒醸造仕候此段御届申上候

三戸郡長原常蔵宛(7)

これは大麦を原料にした珍しい「麦酒」である。もちろん今の「ビール」とちがい、ホップは入っていない。ただし糖化用の「糀」(日本でつくられた国字。本来は「麹」)は米麹で、醤(醬か)糀とは醬油用の麹らしいが、麹の占める比率が高い。しかし大麦だけで麹をつくるのはむずかしかったようである。

実は三戸では「麦酒飲料」など醪の量が一石未満であれば、届け出なしでもつくれると皆が思い、戸長もそのように話していたので、誰も届けていなかったのだが、濁酒づくりをしていた者が逮捕されて大騒ぎになり、石井家でも同日に届けたという経緯があった。一五年の一二月までは、一世帯で一石未満まで製造は許されていたが、免許鑑札料八〇銭を納める必要があった。

石井家は明治一八年にも「自家用料酒製造御免許願」を提出している。こちらの原料は「新穀」とだけあって、原料は米か麦かわからない。原料穀物、麴、水の量、得られる酒の量を記し、税金八〇

銭を添えて願い出ている。

津軽

青森県西津軽郡森田村（現・青森県つがる市）は江戸時代には下相野村といい、五能線の中田駅に近く、津軽平野のほぼ中心部、岩木山の東北に位置している。五所川原から木造、森田あたりにかけての岩木川流域は、かつては耕作に適さない低湿地であったが、江戸時代初期の四代目津軽藩主津軽信政の治世に積極的な排水工事、新田開発、植林が進められた結果、一八世紀半ば頃からは津軽第一の穀倉地帯となった。またすぐ西側にある鰺ヶ沢港は日本海西回り航路の重要な港であり、北海道松前、羽前酒田（現・山形県酒田市）などの諸港と交易を行ない、津軽米の積み出しや上方からの生活必需品の積み下ろしで栄えた。

盛家はこの地方の大地主であったが、そのかたわら代々酒造業を営んできた。同家の先祖は越前三国の出身で、初代は貞享四年（一六八七）に津軽に移住し、元禄六年（一六九三）から酒造業をはじめ、以後幕末まで百数十年間にわたって続けた。代々の当主が書き残した日記は、これまでに『萬覚帳』（慶応元年—明治元年）[8]、『年中日記』[9]、『萬日記』（文化一二—一四年）[10]として翻刻、出版されている。

津軽の酒屋は、農民相手に上方の古着を売りつける古着商からはじまって次第に広大な土地を獲得し、ついには数百人もの小作人をかかえるまでになった大地主が、手元に集まった米を利用した例が多い。盛家も酒造業によって巨額の利益を得、津軽藩からは年間数千両単位の御用金、一万俵もの米の上納を求められるほど裕福になった。

津軽地主酒屋の典型ともいえる盛家の記録をもとに、幕末の酒販売、北海道や越後との交易、酒造技術面での上方酒屋との比較検討などを行ない、凶作に苦しむ水田稲作地帯津軽における酒づくりの実態を見ていくことにしたい。

凶作と酒づくり

八戸地方ほどではないが、津軽地方もしばしば夏のやませによる冷害、凶作、飢饉に苦しめられてきた。したがって日記中には、天候、農作業に関する記述が多い。凶作になると、主食の米を大量消費する酒づくりは真っ先に制限されるので、酒屋も天候に敏感にならざるをえない。

天保年間の津軽は二年と五年が豊作だっただけで、四年は大凶作、七年、九年も凶作、他の年も平年の六、七分の作柄だった。この時期津軽藩の領内では飢饉のため約三万人もの餓死者が出たといわれる。

天保七年（一八三六）秋の『年中日記』は、米の値段が日増しに引き上げられ、天明三年（一七八三）の相場と同じになったと述べている。「卯年のけがじ（飢渇）」と恐怖をこめて語り伝えられた天明三年卯年の記憶がまだ人々の脳裏に鮮明に残っていた頃である。

翌八年になっても米の値段は高止まりして、売り手も買い手もない状態だった。城下町の弘前では、品質がよくない八年の新米は古米よりも安かった。九月下旬になって、ようやく藩は新酒の仕込みを許可するが、遅くなったのは米の作柄を見きわめるためだろう。この年酒づくりは行なったが、平年の七分の造りで、早々に終えている。

慶応元年（一八六五）から四年にかけてもおおむね天候不順と凶作が続き、さらに奥羽・函館戦争のため、津軽から北海道にかけての政情はきわめて不安定だった。盛家のような裕福な地主には、出兵のため藩から多額の資金負担が求められた。

凶作のため酒づくりが停止となった慶応二年（一八六六）、酒価は天保期のおよそ二倍にまで暴騰し、酒の在庫がなくなった弘前では、顔を隠した藩士が造り酒屋に無心にやって来たが、中に入れないと罵ったり、乱暴をはたらいたりした。酒不足のため弘前では濁酒の密造が大流行したが、濁酒すら醪一升が九〜一〇匁もした。杜氏は城下を回って米一升につき五匁の手間賃を取って酒づくりを請け負った。よい副業だったろう。また許可を受けた以上の「隠造」が発覚して閉鎖を命じられた酒屋も何軒かあった。

江戸時代の日本海沿岸では羽前大山（現・山形県鶴岡市）の酒が品質の優れた酒として広く流通し、津軽ではこれを「下り酒」とよんだ。しかし入荷した下り酒も翌年夏ともなれば、変質して薄く、酸味が強く、悪臭のする「損じ酒」となってしまう。また慶応三年産の新酒も、つくる端から売り切れてしまったのである。

『萬覚帳』は酒造技術に関しても詳しいので、少し紹介しておこう。

年によって変動はあるが、盛家では毎年およそ八〇〇～一〇〇〇俵の原料米を購入し、二〇〇～三〇〇石の酒をつくっていた。年間五〇〇〇石以上の酒をつくる伊丹や灘の大酒屋とはもちろん比較にならないが、当時城下町弘前の酒屋が約四〇軒、一軒当たり一五〇石程度の規模だったことからすれば、この地方ではかなりの大酒屋だった。

製法は定法通りの三段掛けである。まだ残暑の時期につくる酒は、早くつくって直ちに出荷、換金する当座売りである。したがって規模も小さい。

九月からは規模もより大きくなり、加える水の量もふやして発酵を促進させる。加えた水（汲水）の、蒸米と麴を合計した「総米」に対する割合を「汲水歩合」とよぶ。高ければより多くの酒が得られ、原料米の利用効率もよい。江戸時代も後期になると汲水歩合は次第に高くなり、灘など先進地では「十水（とみず）」、つまり総米と汲水の量が等しい酒も珍しくなかった。しかし津軽地方では、まだ「七水」程度にとどまり、米の搗き減らしも一割にすぎない。

盛家では酒の貯蔵にも苦労している。「火入れ」とは酒の低温加熱殺菌であるが、文化一四年（一八一七）の『萬日記』によれば、五月二日の「前火入」から八月一四日の「六番火入」まで、何と七回も火入れをしている。しかし漫然と火入れを繰り返すばかりで、何とか腐敗を防ごうという創意工夫はなかったようだ。腐敗した酒に投入する「直し薬」というものが販売されていたが、酸を中和するアルカリ性の草木灰が主体である。慶応四年（一八六八）の日記は、酒は火入れを繰り返してもどうにも直らず、売りさばくこともできないと窮状をこぼしている。

以上見てきたように、水田稲作地帯であれ畑作地帯であれ、やはり東北の自然条件はきびしく、熱帯原産であるイネの栽培には向いていない。凶作年には、まず屑米、粃（しいな）、青米や雑穀を原料にした濁酒、果てはいもの濁酒までつくられた。こうした苛酷な環境においても、なお人は酒を求めるもののようである。

第八章　酒の器

本章では酒を入れる器について、古代から現在までの発展の跡をたどってみることにしたい。

人が飲むまでに酒を入れておくさまざまな容器を、まず機能別に「飲酒器」、「注酒器」、「温酒器」、「醸造容器」に分けてみる。

現在ではグラス、コップなどのガラス器が飲酒器として用いられ、また冷酒が当たり前となったので、酒に燗をして、徳利から少しずつ猪口に注ぐ古来の習慣が珍しがられる時代となった。日本酒の飲み方の特徴は燗をすることであり、その目的のために昔からさまざまな温酒器が発達してきた。酒を温めることは、紹興酒や一部のドイツワインを除けば世界的に珍しい習慣である。

飲酒器

柏の葉

旧暦五月五日の端午の節供では、餅、ちまきを包むのに、柏や笹など植物の葉を用いる習慣が今も受け継がれている。

「かしわで（膳部）」とは、古代天皇の食膳、饗応の食事を司る人の職名である。アジアの照葉樹林文化圏では、柏や朴（ほお）の葉を食器として用いる習慣があった。「くぼて（窪手）」は古代の食器の一種で、柏の葉を幾枚も合わせ、竹ひごなどでさしつなぎ合わせ、中央が窪んだ形になっている。「葉椀」とも書く（前掲図13）。「ひらで（枚手・葉盤）」が皿状なのに対し、深く、酒などを入れるのに適している。古代の酒は、粘度の高い、固体と液体がまじったものだったから、葉っぱの盃でもこぼれることはなかったのだろう。

平安時代の『延喜式』巻四〇「造酒司」には大嘗祭の供奉料に、三津野柏（みつのがしわ）と長女柏（ながめがしわ）が挙げられている。[1] みつのかしわ（三角柏、御綱柏）はウコギ科のカクレミノ（学名 *Dendropanax trifidus*）と言われるが、葉の先が三つ叉で尖っているためこの名称がある。

とよのあかりしたまはむとて、みつなかしわを採りに木の国にいでまし間に（『古事記』仁徳[2]）

大嘗祭の豊明節会（とよのあかりのせちえ）で飲酒器として用いる。本居宣長の『古事記伝』は、儀式で広く用いられた柏について詳しい考察を加えている。

瓢

瓢（ひさご）は瓢箪（ひょうたん）、ゆうがお、とうがんなどのことである。果実は苦くて食用にはならないが、中身をくり抜いて乾燥すれば、丈夫な盃や柄杓になる。大きな瓢は、かつて家庭用の炭取りに使用された。

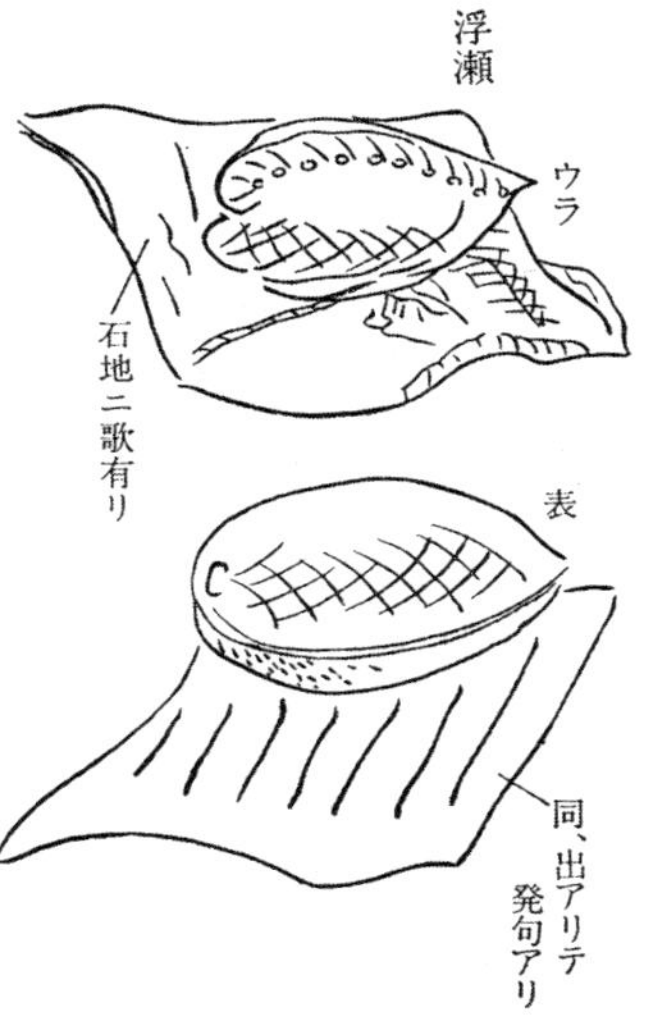

図35　浮瀬の盃（「浪華百事談」『新燕石十種　第二巻』中央公論社，1981年，305頁より）

貝

帆立貝や鮑貝など大きな貝殻も、酒器をふくめさまざまな食器として用いられた。江戸時代大坂にあった料亭「浮瀬（うかむせ）」の盃は大きいことで有名で、『浪華百事談』にも絵入りで紹介されている。[3] 七合半も入ったという。貝鮨（かいさかずき）で、一一ある鮑貝の穴をふさいで酒を入れた。飲み干した人はその名誉を称え、名前を記したという。

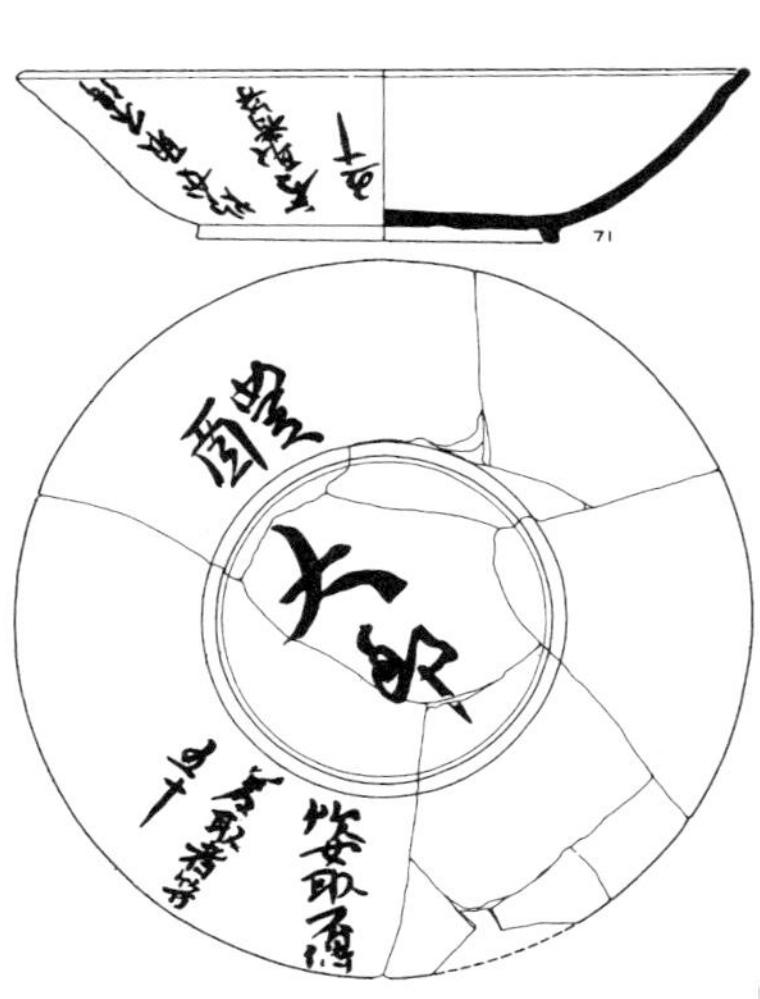

図36　平城宮出土の酒盃（『平城宮発掘調査報告Ⅶ』奈良文化財研究所, 1976年より）

土器

物を入れる古代の器を「笥(け)」とよぶが、音は「瓦笥(かわらけ)」に由来するとされる。古代の盃は、柏の葉などの自然物から、次いで素焼きの土器にかわった。

素焼の土器は、大別して土師器(はじき)と須恵器(すえき)がある。前者は弥生式土器の流れをくむ土器で、古墳時代から奈良・平安時代にかけてつくられた。八〇〇度くらいの比較的低温で焼かれ、坏(つき)、皿、盤(ばん)など祭祀用の器として長く使用された。また後者は古墳時代から平安時代にかけて使用されたねずみ色の硬質土器であり、その製造法は渡来人が伝えた技術といわれる。一一〇〇度の高温で焼かれる。

宴会に用いる盃の土器(かわらけ)は、基本的には一度使用すれば捨ててしまうから、平泉柳之御所などの遺跡発掘の際に、膨大な量が出土している。出土した器の用途が明らかな例は少ないが、出雲国庁跡から出土した須恵器の底面には墨で「酒杯」と書かれており、これは間違いなく酒盃である。また平城宮跡出土の須恵器には「醴太郎」、「炊女取不得　若取者笞五十」と墨書されている。器の持ち主は酒好きで、これは自分の物だと主張し、他人の使用を禁じ、罰するぞと述べているのである。個人が所有

する酒盃として最古の例で有名である。(4)

江戸時代の『貞丈雑記』(5)によると、小さい土器を「小重（こじゅう）」、それより大きいものを「三度入り」といい、三度入りより大きいものを「大重（だいじゅう）」という。それ以上は、三まわりずつ大きくなり、「五度入り」、「七度入り」、「九度入り」となる。盃の大きさをあらわすのに、「幾度入り」という言い方で表現した。土器は酒が浸みやすいので、酌をする際に銚子の口を盃につけてはならないとされていた。

塗盃

正式な宴会である「式正（しきしょう）」において、長く用いられてきた木製、漆塗の盃である（口絵3）。近世の塗盃は、総朱漆塗で、内側に金の蒔絵が描かれている。大、中、小があり、式正では「三つ組」と称して、下から大、中、小を重ね、盃台にのせる。一つの盃で三度ずつ、合計九度酒を飲む。塗盃は今日でも各地の資料館で見ることができる。

猪口（ちょこ）

上が開き、下がすぼんだ陶磁器製の器で、肴、蕎麦つゆなどを入れる。形が猪の口に似ていることからこの名前がある。

幕末の『守貞謾稿』(6)（一八五三）は、盃も近年は漆盃を用いることは稀で、もっぱら磁器を用いる、京都大坂も燗徳利はまだ用いないが、磁盃は用い、三都共「ちょく」、すなわち「猪口」である。三都共正式な式正には塗盃、略式では猪口である。式正にもはじめは塗盃、後で猪口を使うことは銚子に準じると述べている。これを読むと、磁器製の徳利と猪口の組み合わせがはじまったのは、江戸時代末頃だったことがわかる。

俗に「唇を許した仲」という言葉もあるが、同じ盃から酒を飲むことは強い絆の仲間であることを意味する。かつて台湾先住民の間では、義兄弟の契りを結ぶ際、「連杯」という、二人で一緒に飲める大きな盃を用いた。しかし、他人が飲んだ盃に口をつけるのは衛生的でない、心理的に抵抗があるという人も多い。結核が大流行した昔は、酒盃の献酬は病毒を媒介すると警告する雑誌記事まであったのである。そこで「盃洗（はいせん）」と称し、水を満たした丼のような器で盃を洗ってから、次の人にさす道具も登場した。

可杯（べくはい）（べくさかずき）

天狗やひょっとこの面の形をしたものもある。可杯とは、盃の底に小さな穴を開けておき、指でその穴をふさいでから酒を満たす。酒を飲み干さなければ、盃を下に置くことはできない。ふつう「可」の字は文章の上の方にあって、下に来ることはないからこの名がついたという。楽しい遊びである。

ガラス盃

ガラスで酒盃をつくる技術は、古代、中世の日本にはなく、したがってガラス製の酒盃は、ペルシャや中国から輸入されたきわめて高級な盃だった。奈良正倉院の宝物に「紺瑠璃坏」があり、『源氏物語』にも「瑠璃の御さかづき」という記述があるが、高価なガラス製酒盃に実際酒を入れて飲んだのだろうか。おそらくふだんの酒宴では土器が用いられたのだろう。

戦国時代末、京都の公卿山科言経が天皇から「ビイドロ馬上盞」をいただいた記録（『言経卿記』、慶長八年八月二六日条）が、また鹿苑寺（金閣寺）の僧侶鳳林承章の日記『隔蓂記』にも、ビイドロの馬上盞とビイドロの瓶を素鵞宮に進上した記録が見出せる（寛永一七年三月二八日条）。

江戸の川柳に、「びいどろの盃で下戸三つのみ」（『柳多留』三四篇）というものがある。きれいなガラス製酒盃なら、酒もすすむことだろう。江戸時代も末頃になると、脚付きの「藍色薩摩切子酒盃」などが国内で製作されるようになった。

注酒器と温酒器

樽や瓶子などの運搬、貯蔵容器から酒を一旦移し入れ、盃に注ぐ容器で、「注酒器」という。注ぎ口が片方についたものを「片口」といい、古くから注水器として使用されてきた。登呂遺跡からも木製の片口が出土している。

酒に燗をするという、他の国ではあまり見られない習慣は、すでに平安時代から存在したと思われる。『延喜式』巻四〇「造酒司」は、諸節供で供される諸道具の中に、金銅の「酒海（しゅかい）」、「杓」、「朱塗大盤」などと並んで、白銅の「風爐（ふうろ）」一具、「鎗子」一口、「炭取の桶」一口などを挙げている。(7) ここで「鎗（そう）」は三本足の鍋の意味で、元日に屠蘇をつくる際にも用いられるが、「典薬寮」の項には「ナベ」のルビがある。酒を温めるには、まず風爐に炭を入れて火を起こし、酒海から杓で酒を汲み出して鎗子で加温し、朱塗りの台盤に注いだものであろう。

また『西宮記（さいきゅうき）』には延喜二年（九〇二）と天暦三年（九四九）春に宮中で行なわれた「藤花宴」の「御酒具」に関する記述がある。(8) 屋外で酒を加温する道具として、「赤漆火爐」、「黒漆台」、「机」、その上に「満心瓶」、銀を加えた「土器」、「炭取」などを置く（前掲図16）。

先の片口には木製と陶磁器のものがあり、これに把手、蓋、つるなどをつけて、提子（ひさげ）、燗鍋、長柄の銚子へと発展した。片口は現在の居酒屋でも使われている。持ちやすいよう、つるの把手をつけた、やかんのような容器が「提子」である。一方長い柄を付けた注酒器が「長柄銚子」だが、これには注ぎ口が片方にだけある「片口銚子」と、両方にある「両口銚子」とがある。両口銚子ができたのは、酒宴において酌人が左右両方の客に酒を注ぐのに便利なためとされる。京都高山寺の『鳥獣人物戯画』には、両口銚子を担ぐ兎が描かれている（図37）。

また酒に燗をする鍋のことを「燗鍋」といい、最初は鍋に木の蓋をつけただけのものが、「提子」に似た鉄瓶様のものもつくられるようになる。『善教房絵詞（ぜんきょうぼうえことば）』には、台所の片隅でこっそり酒を飲む二人の女房が描かれている。一人は片口から発展した提子、あるいは燗鍋を右手に持って酒盃に注ぎ、もう一人は棚の上に瓶子を倒して飲んでいる（図38）。今のキッチンドリンカーのはしりといえようか。片口は正式の宴会でも用いられたのか、朱漆塗の豪華なものが中尊寺にある。また燗鍋も、鉄の上に漆を塗り、蒔絵をかいた豪華なものもある（塗燗鍋）。しかしこれも「銚子」とよばれることがあるので、混乱を招きやすい。

酒に燗をする際、もとは燗鍋を直接火にかけていた。しかしこれでは温度調節がむずかしく、うっかりすると酒が沸騰しかねないし、何より鉄分は酒に悪影響がある。また燗鍋から銚子、提子へ、さらに盃へと移す手間も面倒である。

図37　両口銚子をかつぐ兎（『鳥獣人物戯画　甲巻』，高山寺蔵）

そこで江戸時代に入ると「ちろり」という銅製容器に酒を入れ、湯の中で間接加熱するようになった。銅は熱伝導性がよく、すぐに熱燗となるが、冷めやすいので、銚子に入れなおす必要がある。銅をアルミに代えたちろりは、現在でも居酒屋でよく見かける。

それなら、一つの器に温酒器と注酒器の機能を持たせてしまえばよい。磁器製

図38　台所で酒を楽しむ女房たち（『善教房絵詞』，サントリー美術館蔵）

の燗徳利（今ではこれも銚子とも言う）はこうして生まれたと思われる。

幕末の京都・大坂では、式正はもちろん料理屋、娼家でも必ず旧来の銚子で、燗徳利の使用はまれだったという。一方江戸では式正にのみ銚子を用い、その他の場合、燗徳利で燗をした酒をそのまま出したという[9]。この方が銚子に入れておいて酒が冷めることがない（図39）。

俗に「燗つけ何年」という言葉がある。徳利に触れただけで、客の好みや料理に燗酒の温度を合わせるまでには、相当な経験が要求される。電子レンジでチリチリに沸騰させたような酒を出されたのではたまらない。また冷めないように、燗をした徳利にはかせる「袴」という器もある。

酒に燗をするのは、昔は九月九日の重陽の節句から三月三日の桃の節句までで、燗をやめることを指す「別火（わかれび）」という言葉もあった。今では酒に燗をする習慣すら知らない人も多いし、とにかく酒は冷たければよいという風潮だが、燗をするプロセス、燗付けによる酒の味と香りの微妙な変化は楽しいものだ。燗酒のよさも味わってほしいものである。

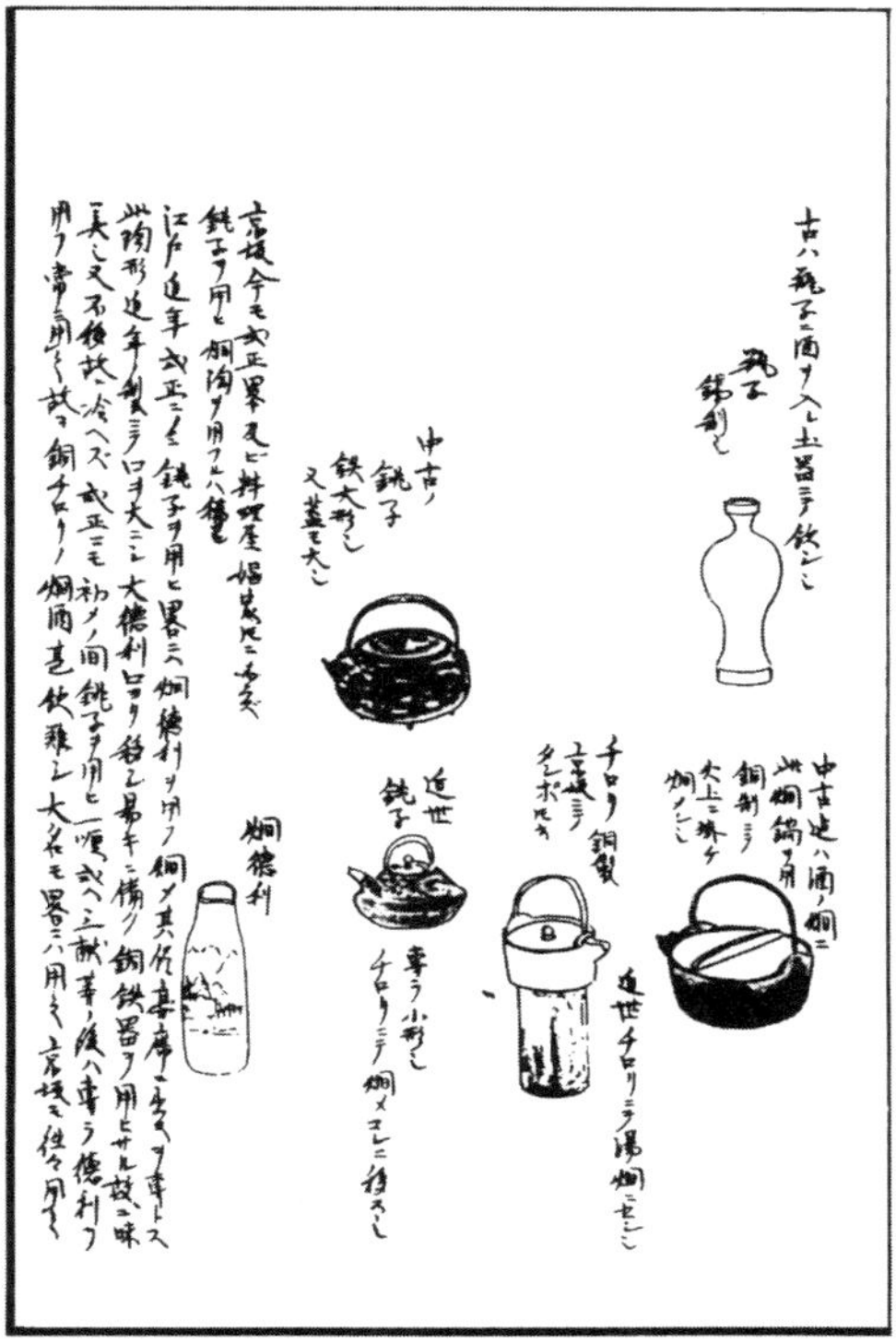

図39　燗なべ，銚子からちろり，燗徳利へ（喜田川守貞『守貞謾稿　後集巻之一　食類』，国立国会図書館蔵）

運搬容器と貯酒器

瓶子

瓶子（へいし）は肩と胴がふくらみ、裾をしぼった酒の容器である。中国の「梅瓶（メイピン）」に似た形をした運搬、貯蔵用の容器で、陶器製、漆器製がある。中世に入ると素焼の器に釉薬をかけたものが登場してくる。代表は一三世紀頃から登場する「古瀬戸瓶子」である。「古瀬戸黄釉瓶子」には、まっすぐな「直腰式瓶子」と、腰を絞った「締腰式瓶子」がある。後者の形は、神酒を入れて神棚上に置く「お神酒（みき）徳利」として現在も残っている。

瓶子については『平家物語』に、平忠盛が宮中で行なわれた新嘗祭豊明節会（とよのあかりのせちえ）において御前で舞った時、殿上人たちが、すがめ（斜視）の忠盛を、「伊勢平氏はすがめなりけり」とはやしたてたという逸話がある。(10) 平氏＝瓶子、すがめ＝酢甕を意味し、粗末な伊勢瓶子は酢甕にしかならぬと嘲笑したのである。

錫

奈良興福寺塔頭多聞院で書き継がれた『多聞院日記』には、最高級酒「諸白」用の容器に「スズ」という語がたびたび登場する。陶器の瓶子にならって錫でできた容器である。『守貞謾稿』にも「瓶子錫製也」とある。

壺

鎌倉時代初期の『鳥獣人物戯画』には、両口銚子を担ぐ兎のすぐ後に、酒壺を担ぐ蛙と兎の姿が描かれている（図40）。酒壺は陶器らしく、口を覆い、柄杓がさしてある。酒壺から柄杓で酒を汲み、両口銚子に移したのであろう。

陶器ではなく木製の容器としては、古来幹をくり抜いた「刳物」、薄い板を曲げて加工した「曲物」、板を組み合わせた「組物（指物）」、箍で結わえた「結物」などがあった。だが、曲物は大きな容器はできず、また液体を入れるのにはあまり適さず、次第に結物へと収斂していく。

図40　酒壺をかつぐ蛙と兎（『鳥獣人物戯画　甲巻』，高山寺蔵）

太鼓樽（たいこだる）

扣（たた）かねど来て賑（にぎや）かなたいこ樽

これは日本独自の容器で、古代の「刳物」から発展したと思われる。漆塗りで楽器の太鼓の形をしており、上部に注ぎ口、床に安定して置くため底部には脚を備えている。本来楽器だったのを、板を張り、酒樽にしたものといわれる。宴席に置いておき、ここから銚子に酒を注ぐ。太鼓樽は古代にはなく、南北朝から室町時代にかけてのものが多い。

『慕帰絵詞』の宴会場面では、今しも運び込まれる太鼓樽と、瓶子から長柄の銚子に酒を注いでいる情景が描かれている（口絵4）。

角樽（つのだる）

角樽は、上部が朱漆、下部が黒漆塗りの樽である。長い把手が角のように突き出ている（図41）。もっと耳の長い「兎樽」というものもある。結納の際、花婿側が花嫁の家に角樽に入れた酒を持参する習慣は長く続いた。めでたい席で使われる樽なので、今でも角樽入り酒を販売しているメーカーがあり、またプラスティック製の簡易版もある。

指樽

「指物」である「指樽(さしだる)」は四角い箱型の樽である（図42）。高さ一尺余、すべて黒漆塗りで、木口(きぐち)（材木を横切りにした面）のみが朱漆塗り、口は真鍮の金具、まわりには鍮鋲(ちゅうびょう)が打たれている。指樽は室町時代から竹の箍(たが)をかけた「結樽(ゆいたる)」と共に近世まで用いられていた。『守貞謾稿』には、いつの頃か廃れたのか、今の世でも用いないが骨董店に往々ある、後世こうした器があったことを知る人もなくなるだろうから図で伝えるとある。

図41　松尾大社の角樽（筆者撮影）

その記述通りに指樽は廃れ、今では骨董店か博物館でしか見る機会はなくなってしまった。黒と赤の対照が美しい樽で、担うための紐がついている。野外での酒宴に酒を持って行く時など、角型の樽は便利である。

結樽(ゆいだる)

竹の箍(たが)で締めた現在まで続く樽である。『三十二番職人歌合』（一四九四）には、結樽を製作している結桶

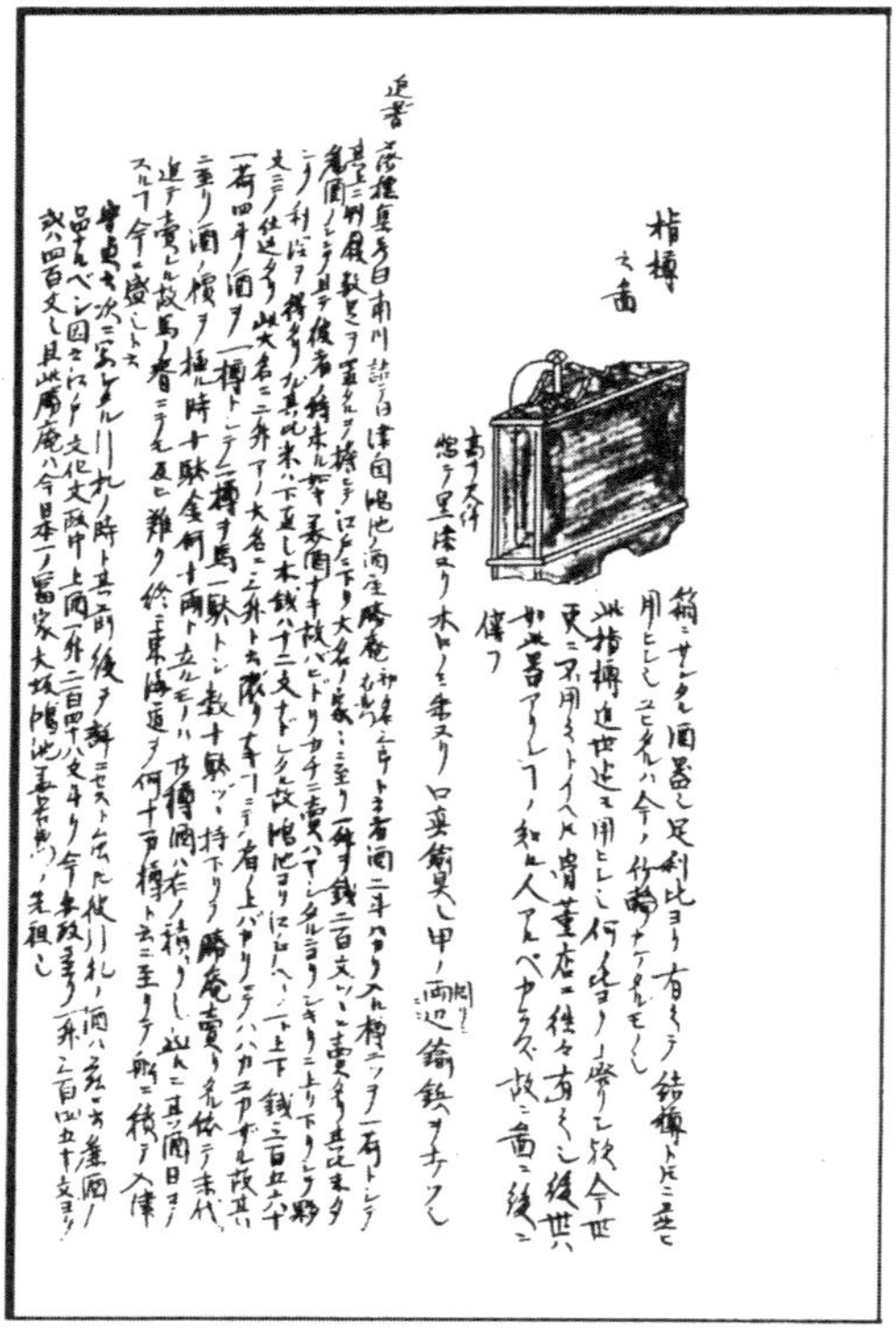

師が載っている。また『七十一番職人歌合』（一五〇〇）で、酒を売る女の前に置かれているのは、浅いたらい状の結樽二つで、一つは蓋がされており、後には漆器の瓶子が見える。室町から戦国時代にかけては、両者が併用されていたのだろう。女の口上から、樽の中身は「うすにごり」という半ば濁った酒であることがわかる。

にぎやかな音楽、踊りとともに田植えを進める『月次風俗図屏風』（図43）の風景には、浅い結樽、

図42　指樽（喜田川守貞『守貞謾稿　後集巻之一　食類』，国立国会図書館蔵）

図43　田植えの酒。結桶，両口銚子が用意されている（『月次風俗図屏風』，東京国立博物館）

両口長柄銚子、朱塗の酒盃、食物が地面に置かれている。田植え後に早乙女を慰労する酒だろう。同じ『月次風俗図屏風』武家の酒宴の場面では、一人が結樽から酒を両口銚子にうつしている。両手でかかえられる程度のたらいのような樽で、持ちやすいよう、二本把手がのびている。樽だから上蓋（「鏡」）があり、注ぎ口も見える。戦国時代末頃には、運搬容器は瓶子や太鼓樽から、次第に結樽にかわったものであろう。

江戸時代に入ってからは、運搬用容器はもっぱら樽にかわった。樽には一斗、二斗、四斗樽などがあるが、もっとも広く流通したのは四斗樽で、ふつう三斗五升の酒を入れたが、馬の背に酒樽を振り分け荷物として積む際、樽二個を「一駄」と称し、一〇駄を単位に酒の価格、運賃などを定めた。

海上輸送では、重くてかさばる酒樽は船の重心を下げるため船底に積み込まれる。

上方の酒造業発展と共に、樽はもっぱら吉野の林業生産地において規格の揃ったものが生産されるようになった。四斗樽の材料を「樽丸」と称したが、樽丸の製造は一八世紀はじめの享保年間からは

図44　菰樽づくり。白鶴酒造資料館にて（筆者撮影）

じまったとされる。
酒樽づくりを専門にするのが酒樽屋であり、酒を入れた四斗樽は、菰をかぶせ、縄でしっかりと締め、「菰樽」とする（図44）。包装材料の菰は乞食の寝具のかわりにもされたから、乞食のことを「菰かぶり」と言った。

徳利

昔の小売酒屋での販売は量り売りだったので、酒を家庭に持ち帰る容器が必要だった。『守貞謾稿』によると、京都・大坂では五合、一升入り栗色陶器製の貸徳利を、江戸では把手のついた樽か、薄いねずみ色の、俗称「貧乏徳利」が用いられた（図45）。徳利には酒屋の屋号が書かれており、飲み終わったらまた買いに行く。「貧乏徳利」の名前の由来は、こうして酒を飲んでいると貧乏になるから、あるいは毎日酒屋で少しずつ酒を買う行為そのものが貧乏くさいということらしい。

近年江戸遺跡の発掘調査が進み、大量の貧乏徳利が出土している。長佐古真也によるその形態の変遷に関する研究は興味深い[11]。美濃・瀬戸地方で製造されたものが主で、容量一升、五合、さらには二合半入りも多い。一七世紀末の徳利はまだなめらかな、らっきょう形が大部分だが、一八世紀末頃になると縦長、肩付の徳利がふえる。江戸に入津する下り酒の総量には大きな変化はなかったのに、出土する徳利の数が天明年間のものから激増するのは、小売店での販売が従来の四斗樽入りから、一升、五合、あるいはそれ以下と小さくなったためではないかという。こうした徳利は現代の古物市でもよく見かける。

ガラス壜

アルコール度数など、酒の規格がまだ定められていなかった昔、酒はすべて量り売りで、小売酒屋では「割水」して酒を販売した。これを「玉をきかす」といい、なるべく水を加え、儲けを多くする

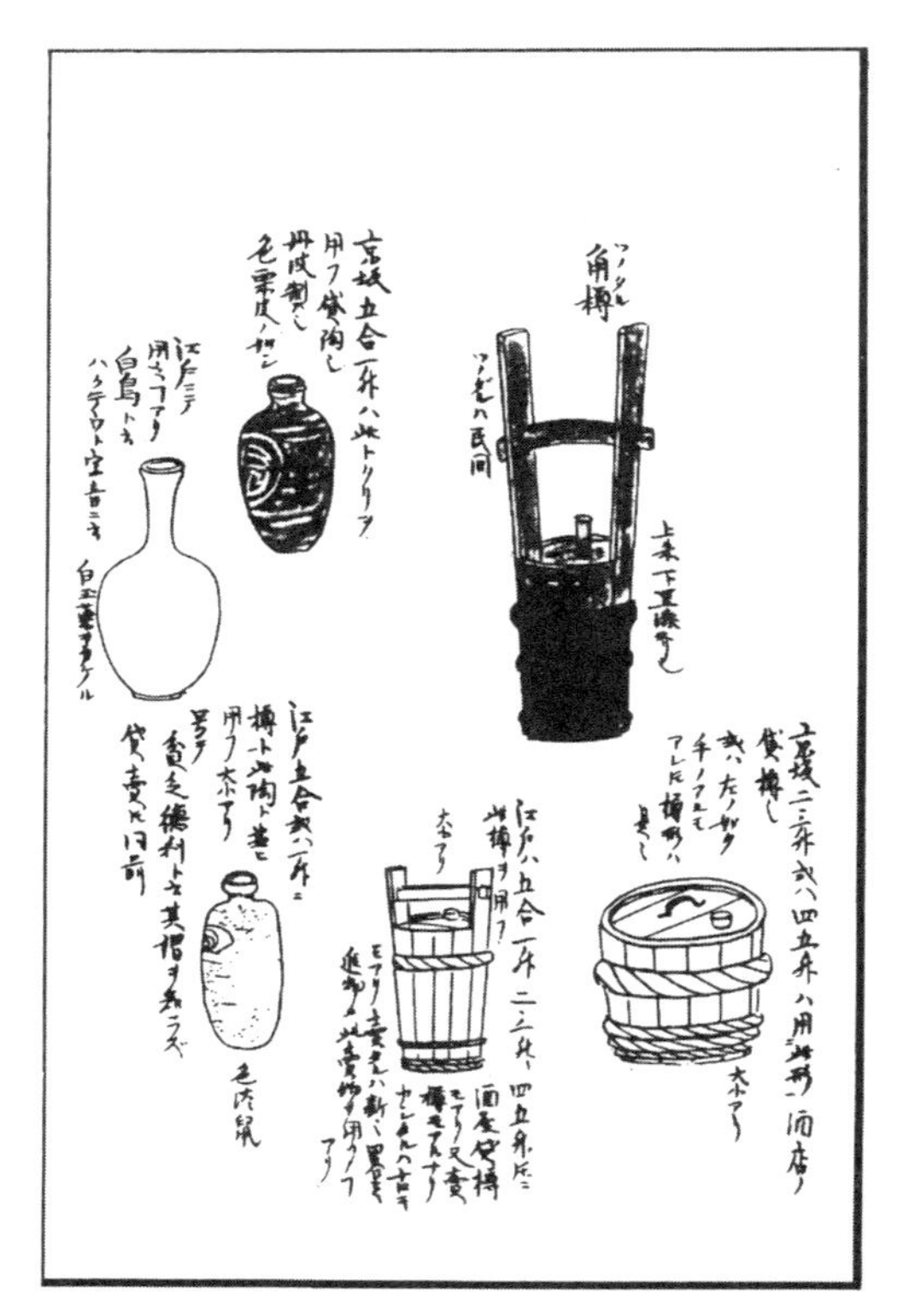

図45　貸徳利，貸樽，角樽など（喜田川守貞『守貞謾稿　後集巻之一　食類』，国立国会図書館蔵）

のが、酒屋の才覚だった。一方飲み手は、そんな酒を飲まされてはたまらないから、薄いか濃いかをまず問題にした。味よりも薄い、濃いが問題とされていたのは、そんなに古いことではない。

明治時代になって欧米から輸入されるようになったビールやワインは、比較的早い時期からガラス壜入りが多かったので、日本酒の容器もガラス壜入りでなければという風潮を生んだようである。明治二一年（一八八八）のスペインバルセロナ万博に大阪府堺の日本酒がはじめて出品され（容器の材質は不明）、同三三年のパリ万博に出品された日本酒はガラス壜入りとなっている。

日本酒の輸出は早くから計画され、手はじめにハワイや台湾向けに輸出されたが、その需要は在留邦人などに限られ、貯蔵中の腐敗問題もあって、その歩みは遅々としたものだった。輸出用酒容器としてガラス壜が普及するのは、暑くて酒が火落ちしやすい土地では防腐剤サリチル酸入りの壜詰酒でなければならなかったこともある。

国内向けでは、兵庫の江井ヶ島酒造、嘉納合名会社（現・白鶴）、大倉恒吉商店（現・月桂冠）などが明治三〇―四〇年代にかけて、ガラス壜入り酒を販売しはじめている(12)。密封ガラス壜入り酒は、従来の量り売りに比べて、小売段階での商品偽造を防ぎ、品質を均一化、保証する効果もあったし、何度も回収して使用することができたので、以後日本酒の運搬容器は樽から次第にガラス壜へとかわっていく。

紙パック

かつての日本酒一升壜はリサイクルができ、きわめて合理的だったが、一升は大家族でなくなった今では多すぎる量だし、家庭用冷蔵庫にも収まらない。紙パックが主流になったのは、そうした消費者の求めに応えたものである。それならば量り売りの方がもっと合理的だという声もあって、最近ではまた量り売りが復活してきた。容器は持参すればよい。量り売りに新鮮な魅力を感じる人も多い。

醸造容器

甕・瓮

「甕・瓮」は、「かめ」、「もたい」、「みか」などとよばれて、古代、水や酒を入れるのに用いた大型容器である。「瓶」の読みも「かめ」だが、こちらは口の小さい壺型の容器を指す。

古代の酒甕はどれくらいの大きさだったのだろうか。奈良県天理市石上(いそのかみ)神宮の酒殿から出土したと伝えられる甕は、高さ、直径共に一mくらいある大型の須恵器である。底面が尖っており、容量約二石、醸造容器だとしたら地面に埋めたのであろう。大体容量二―三石くらいが、製作、輸送面での限界と思われるが、中にはこんな大きな容器もある。

鎌倉時代初期の成立といわれる説話集『続古事談』にある話である。造酒司の大刀自(おおとじ)という甕は三〇石入りである。土に深く掘り据えてわずかに二尺ばかり出ていたが、一条天皇の御世に理由もなく抜け出て、かたわらに伏していた。人々が驚き怪しむうちに帝は亡くなられた。三条天皇の御世には大風が吹いて造酒司の建物は倒壊したが、大小の刀自はみな打ち割れていたという。(13)三条天皇の御世には

一条天皇は早世、続く三条天皇も若くして失明と、朝廷には不幸が続いた西暦一〇一〇年頃の話である。怪談じみたこの話には、あまりにも巨大な甕の持つ不気味さが感じられる。『延喜式』以後造酒司に関する情報はほとんどないのであえて紹介した。本当に三〇石入りだったとしても、現行枡に換算すればその四割程度だろうが、造酒司の巨大甕として有名だったらしい。

酒づくりの神にちなんで神酒を「みわ(三輪)」ともいうが、醸造容器のことも「みわ」とよんだ。

泣沢(なきさわ)の神社(もり)に神酒(みわ)据ゑ祈れども我が大君は高日(たかひ)知らしぬ(『万葉集』二〇二)

高市皇子の病気平癒の祈りも効果のないことを怨む歌である。

同じく『万葉集』巻三の神に恋の成就を祈る歌にも、「木綿(ゆふ)取り付けて斎瓮(いはひべ)を斎(いは)ひほりする」(万葉集三七九)とある。

みわ、斎瓮(いわいべ)は神事用の容器で、地面に据えるよう、先を尖らせてつくられている。神酒は、別の容器に移すことなく、そのまま捧げたものだという。江戸時代は「尻のすわらぬ壺」とか、「行基焼」と称された灰色の焼物があったが、「掘する」ともいい、上古酒を盛った器だとしている。

河内の真言宗寺院天野山金剛寺（現・大阪府河内長野市）には、天野酒の醸造容器と思われる甕が現在も残っている。備前焼の大甕で、肩のあたりに「△三入」という陰刻があるが、三石入れる際の指標であろう。

また小野晃嗣は、京都北野神社神人の後裔として当時京都に在住の川井銀之助氏宅で天水桶の代用品として使用されていた壺が、酒の醸造容器であろうと推定している。[14] この壺の上部にも「〽上三石入」と陰刻されている。中世の醸造容器の容量は、おおよそ二―三石程度であったと考えられる。製造、輸送のむずかしさを考えれば、割れやすい壺や甕の容量は、せいぜい三石程度が上限になるだろう。実際その後京都市街地の造り酒屋遺跡から出土した備前焼の壺、甕はこれとほぼ同じ大きさである。

中世の醸造容器は、一二世紀頃から登場する常滑焼と一三世紀頃から普及する備前焼が主である。備前焼の窯は現・岡山県伊部町付近に多くあり、古代須恵器の流れを汲んでいる。各地に保存されている備前焼大甕について詳しい実地調査を行なった藤原里香によれば、[15] 釉薬を使用しない備前焼の大甕つくりは高度な技術を要し、全盛期は一六世紀半ばから一七世紀はじめ頃までの約六〇年間であり、その後は品質が低下したという。大体高さ一m、口径七〇cm、最大径八〇cm、底径四〇cm程度の大きさで、規格品を量産したものらしい。

刻まれている文字は、製作年や「二石入り」など甕の容量で、「ひねり土」など質のよい土を使用した甕のようである。岡山県立博物館に寄託されている大甕には「上々吉諸白入」とあり、高級酒諸白の容器であったことがはっきりしている。

近年各地で発掘調査が行なわれている「甕倉」遺跡とは、多数の甕を土間に等間隔に半分くらい埋めた遺跡で、酒屋だけでなく油屋、紺屋の遺跡に多い。室町から戦国時代にかけて、京都中心部の大酒屋には一戸で二〇〇もの壺を所有するものもあったという。したがって幕府が酒屋に課す税金のことを「壺銭」といい、壺あるいは甕一個当たりいくらと決められた。

地面に埋めた容器は、保温上は好都合だが、数がふえてくると原料、酒の出し入れ、洗浄に手がかり大変である。酒造規模を拡大しようとすれば、平屋建ての酒蔵は横へ広げざるを得ない。やがて大容量の木桶が使用されるようになったのは、そうした理由からだろう。

しかし奈良興福寺の塔頭多聞院における酒づくりの記録をたどっても、一六世紀半ばの元亀、天正年間はまだ「壺」を使用していて、酒づくり前に壺を地面に埋めた記録もある。壺を用いる正月酒の場合、仕込み規模はおおむね一石未満である。仕込み容器がある日突然甕から木桶にかわったというわけではなく、甕と桶の併用期間は戦国時代末頃から数十年間続いたようである。

桶

桶の大きさは、三尺、四尺、六尺という具合にふつう深さか、「三〇石入り」というように容量であらわす。「六尺桶」ともなれば、北斎の絵（口絵5）にあるようにまことに巨大なものである。つい数十年前までの酒づくりは、木造の酒蔵において、大小さまざまな木の桶を組み合わせて使いこなし、まさに「木の国」の趣があった。

現在では樽も桶もこれを製造できる職人がほとんどいなくなって、技術の伝承はむずかしくなっている。

参考文献

第一章

(1) 児島康宏「グルジアワインのふるさとから」『Vesta』第八五号、二〇一二年、二〇頁
(2) 沼野恭子「蜜酒は髭をつたわって流れてしまい……」『Vesta』第八五号、二〇一二年、八頁
(3) 濱屋悦次「スリランカ　マルコ・ポーロが飲んだヤシ酒」『Vesta』第八五号、二〇一二年、二四頁
(4) 宮城文「嚙ミシ（神酒）」『日本醸造協会雑誌』第七一巻一号（一九七六年）、二九頁
(5) 人見必大著、島田勇雄訳注『本朝食鑑　1』平凡社、一九七六年、一二九頁
(6) 十返舎一九「手造酒法」石橋四郎編『和漢酒文献類聚』第一書房、一九七六年、一一一頁
(7) 村上英也・原昌道・大場俊輝・志水伸一・備前次雄「ガマズミの酒について」『日本醸造協会雑誌』第六七巻一号（一九七二年）、七七頁
(8) 『滋賀県の祭礼行事——滋賀県祭礼行事実態調査報告書』滋賀県教育委員会、一九九五年、一八八頁
(9) 『日本の食生活全集37　聞き書　香川の食事』農山漁村文化協会、一九九〇年、一四三頁
(10) 宮本常一「宝島の神酒つくり」『宮本常一著作集　四』未來社、一九六九年、二九一頁
(11) 『日本の食生活全集48　聞き書　アイヌの食事』農山漁村文化協会、一九九二年、一六二頁
(12) 鈴木牧之著、宮栄二校注『秋山記行・夜職草』平凡社、一九七一年、一四七頁
(13) 柴田主悦・畑生道雄・川人正晴「代用原料使用清酒醸造試験に就て（第一報）」『日本醸造協会雑誌』第三六巻二号（一九四一年）、八五頁

(14) 名越左源太著、国分直一・恵良宏校注『南島雑話――幕末奄美民俗誌1』平凡社、一九八四年
(15) 小野重朗『小野重朗著作集　南日本の民俗文化3　生活と民具』第一書房、一九七三年、二四〇頁
(16) 同前、二三七頁
(17) 平敷令治「沖縄の神酒」『沖縄国際大学文学部紀要　社会篇』第一巻一号（一九七三年）、三八頁

第二章

(1) 「皇太神宮儀式帳」日本祭礼行事集成刊行会編『日本祭礼行事集成　第一巻』平凡社、一九六八年、一頁
(2) 「皇太神宮年中行事当時勤行次第」日本祭礼行事集成刊行会編『日本祭礼行事集成　第四巻』平凡社、一九七一年、一頁
(3) 『美酒発掘』奈良県立橿原考古学研究所附属博物館、二〇一三年、一九頁
(4) 加藤百一『日本の酒5000年』技報堂出版、一九八七年、五六頁
(5) 「日前国懸両太神宮年中行事」日本祭礼行事集成刊行会編『日本祭礼行事集成　第四巻』平凡社、一九六九年、二一三頁
(6) 加藤百一「濁酒を造る神社」『日本醸造協会雑誌』第七三巻一二号（一九七八年）、九三〇頁
(7) 加藤百一「神酒造りの伝承」『日本醸造協会雑誌』第七三巻一一号（一九七八年）、八五五頁
(8) 加藤百一「清酒を造る神社」『日本醸造協会雑誌』第七四巻五号（一九七九年）、二八二頁
(9) 加藤百一「濁酒を造る神社（その5）」『日本醸造協会雑誌』第七四巻四号（一九七九年）、二三二頁
(10) 同前
(11) 前掲（8）
(12) 前掲（6）

(13) 細田昭夫「神代酒醸造之事」『日本醸造協会雑誌』第五〇巻九号（一九五五年）、四九九頁

第三章

(1) 幸田成友校訂『古事記』岩波書店、一九五一年、一三五頁
(2) 同前、一三六頁
(3) 鄭大聲「須須許理について」石毛直道編『論集　酒と飲酒の文化』平凡社、一九九八年、二七九頁
(4) 前掲（1）、一四八頁
(5) 「造酒司」黒板勝美編『令集解　前篇』吉川弘文館、一九五三年、一三一頁
(6) 『美酒発掘』奈良県橿原考古学研究所附属博物館、二〇一三年、五一頁
(7) 加藤百一『日本の酒5000年』技報堂出版、一九八七年、九六頁
(8) 「巻第四十　造酒司」皇典講究所・全国神職会校訂『延喜式　校訂　下巻』大岡山書店、一九三二年、一二三三頁
(9) 「第七巻　践祚大嘗祭」下田義照・宮地直一共校『延喜式　神祇巻』盛文社、一九二六年、一七五頁
(10) 田中初夫『践祚大嘗祭』木耳社、一九七五年、五三頁
(11) 「平城宮木簡2」『奈良国立文化財研究所史料』第八冊別冊、奈良国立文化財研究所、一九七五年、三六頁
(12) 吉野裕子『天皇の祭り』講談社、二〇〇〇年、二三一頁
(13) 「兵範記　四」笹川種郎編『史料大成一八』内外書籍、一九三六年、二〇二頁
(14) 前掲（9）、一八一頁
(15) 伊勢貞丈著、故実叢書編集部編『故実叢書第一　貞丈雑記』明治図書出版、一九五二年、二六四頁
(16) 「皇太神宮儀式帳」日本祭礼行事集成刊行会編『日本祭礼行事集成　第一巻』平凡社、一九六八年、一

頁

（17）「御即位礼と大嘗祭　其の意義と儀式の大略を叙し併せて白酒、黒酒に及ぶ」『日本醸造協会雑誌』第一〇巻一一号（一九一五年）、一頁

（18）野田菅麿『昭和御大礼参列記念録』一九三六年、一二五頁

（19）「昭和御大礼記」『御大礼記念写真帖――昭和三年一一月』共済生命保険株式会社、一九二九年

（20）倉林正次『饗宴の研究――儀礼編』桜楓社、一九六五年、四四九頁

（21）近藤瓶城編『史籍集覧　編外　西宮記』近藤出版部、一九三二年、三四頁

（22）「長岡京跡右京第一〇一九次調査現地説明会資料」（二〇一一年九月三日付）。長岡京市埋蔵文化財センターのホームページよりダウンロードできる。http://nagaokakyo-maibun.or.jp/upfile/download_110914-r1019-gensetsu-shiryo.pdf?nocache=1407485229

第四章

（1）吉田兼好著、西尾実・安良岡康作校注『新訂　徒然草』岩波書店（一九二八）、三五六頁

（2）小野晃嗣「中世酒造業の発達」『日本産業発達史の研究』法政大学出版局、一九八一年、九九頁

（3）前掲（1）、一九九頁

（4）同前、一五〇頁

（5）同前、二九五頁

（6）「餅酒」『日本古典文学大系42　狂言集　上』岩波書店、一九六六年、七七頁

（7）「かはらたらう」笹野堅校訂『能狂言　中』岩波書店、一九五六年、三二九頁

（8）「伯母が酒」古川久校注『日本古典全書　狂言集　中』朝日新聞社、一九五四年、一五五頁

（9）「七十一番職人歌合」塙保己一編『群書類従　第二二輯』内外書籍、一九三二年

(10) 前掲（2）
(11) 吉田元『日本の食と酒——中世末の発酵技術を中心に』人文書院、一九九一年、一八頁
(12) 「大草殿より相伝之聞書」塙保己一編『群書類従　第一九輯』続群書類従完成会、一九五九年、八〇五頁
(13) 伊勢貞丈著、千賀春城補「軍用記　第七　軍礼の事」『故実叢書　第二一』明治図書出版、一九五四年、二八九頁
(14) ジョアン・ロドリーゲス著、佐野泰彦・浜口乃二雄訳、江馬務注、土井忠雄訳注『日本教会史　上』岩波書店、一九六七年、五三二頁
(15) 土井忠生・森田武・長南実編訳『邦訳日葡辞書』岩波書店、一九八〇年

第五章

(1) 三宅也来「万金産業袋　巻之六　酒食門」『通俗経済文庫巻十二』日本経済叢書刊行会、一九一七年、二〇一頁
(2) 著者未詳、吉田元校注「童蒙酒造記」『日本農書全集　第五一巻　農産加工二』農山漁村文化協会、一九九六年
(3) 酒文化研究所のホームページにおける、古泉弘「江戸の地下式麹室」より。http://www.sakebunka.co.jp/archive/history/010_1.htm
(4) 「東都歳時記」石橋四郎編『和漢酒文献類聚』第一書房、一九七六年、五九頁
(5) 「ひともと草」岩本活東子編『新燕石十種　第二巻』中央公論社、一九八一年、三九二頁
(6) 前掲（1）
(7) 柚木学『酒造りの歴史』雄山閣、一九八七年

（8）喜田川守貞著、朝倉治彦・相川修一編『守貞謾稿　第五巻』東京堂出版、一九九二年、四六頁
（9）アンベール著、高橋邦太郎訳『幕末日本図絵　下』雄松堂出版、一九六九年、二九一頁
（10）「江戸買物独案内」石橋四郎編『和漢酒文献類聚』第一書房、一九七六年、三三三頁
（11）『首都圏の酒造り』東京都葛飾区郷土と天文の博物館、二〇〇九年、八頁
（12）吉田元『江戸の酒――その技術・経済・文化』朝日新聞社、一九九七年、一五七頁
（13）青木隆浩『近代酒造業の地域的展開』吉川弘文館、二〇〇三年
（14）高橋伸拓「近世後期関東における酒造業経営と酒の流通――地域酒造家の分析を中心に」『関東近世史研究』第六七号（二〇〇九年）、四頁
（15）申維翰著、姜在彦訳注『海游録――朝鮮通信使の日本紀行』平凡社、一九七四年、二五頁
（16）「千住の酒合戦と江戸の文人展」『足立区立郷土博物館紀要』第三号（一九八七年）

第六章

（1）『鶴村日記　上篇　一・二』石川県図書館協会、一九七六年
（2）『鶴村日記　中篇　一・二』石川県図書館協会、一九七六年
（3）『鶴村日記　下篇　一・二』石川県図書館協会、一九七八年

第七章

（1）吉田元『江戸の酒――その技術・経済・文化』朝日新聞社、一九九七年、一二九頁
（2）『八戸市史　史料編　近世七』八戸市、一九七九年
（3）『八戸市史　史料編　近世九』八戸市、一九八一年
（4）「淵沢家日記」『江戸期八戸の日記集』八戸市立図書館、二〇〇三年

（5）『萬日記抄　三』青森県立図書館、一九七八年
（6）『萬日記抄　四』青森県立図書館、一九八五年
（7）『萬日記抄　五』青森県立図書館、一九八六年、六六頁
（8）桜井冬樹・豊島勝蔵解読『永宝日記・萬覚帳』青森県文化財保護協会、一九八二年
（9）盛家古文書「年中日記　第二編」『津軽新田記録　第三巻』豊島勝蔵、一九八七年（非売品）
（10）盛敏直「萬日記　第一編」『津軽新田記録　第三巻』豊島勝蔵、一九九二年

第八章

（1）「巻第四十　造酒司」皇典講究所・全国神職会校訂『延喜式　校訂　下巻』大岡山書店、一九三二年、一二三三頁
（2）幸田成友校訂『古事記　下巻』岩波書店、一九五一年、一四八頁
（3）「浪華百事談」岩本活東子編『新燕石十種　第二巻』中央公論社、一九八一年、三〇四頁
（4）佐原真『食の考古学』東京大学出版会、一九九六年、一四五頁
（5）伊勢貞丈著、故実叢書編集部編『故実叢書第一　貞丈雑記』明治図書出版、一九五二年、二五八頁
（6）喜田川守貞著、朝倉治彦・相川修一編『守貞謾稿　第五巻』東京堂出版、一九九二年、三六頁
（7）前掲（1）
（8）近藤瓶城編『史籍集覧　編外　西宮記』近藤出版部、一九三二年、五一三頁
（9）前掲（6）
（10）「巻第一　殿上闇討」梶原正昭・山下宏明校注『平家物語　一』岩波書店、二〇〇八年、一六頁
（11）酒文化研究所のホームページにおける、長佐古真也「地下三尺に眠る江戸の酒瓶——貧乏徳利の考古学」より。http://www.sakebunka.co.jp/archive/history/009_1.htm

(12) 山本孝造「樽から壜へ」小泉和子編『桶と樽——脇役の日本史』法政大学出版局、二〇〇〇年、三八二頁

(13)「続古事談」塙保己一編『群書類従　第二七輯　巻四百八十七』群書類従刊行会、一九六〇年、六二八頁

(14) 小野晃嗣「中世酒造業の発達」『日本産業発達史の研究』法政大学出版局、一九八一年、九九頁

(15) 藤原里香「壺・甕から結物へ」小泉和子編『桶と樽——脇役の日本史』法政大学出版局、二〇〇〇年、七三頁

あとがき

実験室のない環境で何とか研究を続けたいと私がはじめたのは、文献をもとにした酒造技術史の研究だった。興味の対象は次第に酒全般へと広がっていき、「農学」ならぬ「酒学」になってしまったが、あれから二五年以上も過ぎた。

中世、江戸時代の日本酒研究が一段落した九〇年代の末から、しばらく日本酒を離れ、リンゴ酒や黒糖焼酎の調査で青森県弘前市と鹿児島県名瀬市（現・奄美市）に通っていた。

岩木山を仰ぎ見、雪道に難渋しながらようやくたどり着いた朝、中は気持ちよく暖房が効いていてほっとした弘前市立図書館、おがみ山の展望台から眼下に見下す名瀬港と街並み、作家島尾敏雄氏が館長をつとめた鹿児島県立図書館奄美分館の小さな閲覧室などがなつかしい。さいはての二つの町には昔の酒がまだ残っているような気がして、今回果実酒、濁酒、神酒など酒の起源を考察する際に思い出したものである。

酒について書く機会はもう来ないものとあきらめていたのだが、定年後に思いがけず次々と執筆のお話をいただくことができた。健康なうちは、まだ頑張って仕事を完成せよということだろう。酒に関心を持つ読者は多く、まことにありがたいことである。

これまで『日本の食と酒』（人文書院、一九九一、再刊は講談社、二〇一四）で中世・戦国時代の酒を、『江戸の酒』（朝日新聞社、一九九七）で江戸時代の酒を扱い、近代については『近代日本の酒づくり』（岩波書店、二〇一三）と三冊の本にまとめたが、一番むずかしい古代の酒は最後まで残してしまった。しかしこれを書かないことには歴史がつながらず、どうしてもやらねばならない。

法政大学出版局の奥田のぞみ氏から「ものと人間の文化史」シリーズの一環として本書のお話をいただいた時、古くからの酒と人間のかかわりを技術だけでなく、飲み方、酒器など文化面も入れた通史を書いてみたかったので、喜んでお引き受けした。執筆中の奥田氏の励ましには心から御礼申し上げたい。本書は古代酒に重点を置き、第二、三章においてできるだけくわしく取り上げた。

私なりに一生懸命まとめたつもりだが、古代酒の実態をどこまで明らかにできただろうか。やはり古代はむずかしく、まだまだ未完成ではと懸念している。しかし最近の発掘調査による考古学のめざましい成果は、文献資料の不足をかなり補ってくれた。

一人で担当できる範囲には、やはり限りがある。本書で取り上げなかった江戸の居酒屋などは、最近研究書が刊行されているので、そちらにゆずりたい。

昔読んで愛読書となった和歌森太郎氏の『酒が語る日本史』、石橋四郎氏の『和漢酒文献類聚』は、酒と日本人のかかわりを考える時にこれ以上の本はなく、執筆に行き詰まった折などは、たびたび読み返し先に進むことができた。

最近は地方図書館もきわめて内容が充実している。丹念に探せば、酒屋文書の他にも日記類に酒に関する記述がけっこうあり、その都度控えてまとめておいたものを今回使用した。第六章金沢の食文化、第七章東北地方における濁酒づくりに関する資料は、以前の図書館通いの中で見出したものである。

定年後はもう研究調査で出張もできなくなったが、川崎市に住み、毎週国立国会図書館を利用できることが、文献調査の上で大きな助けになった。素晴らしい情報検索システムのお蔭で、必要なほとんどの文献を即座に検索、閲覧、コピーできるようになり、作業の能率がいちじるしく高まったことに深く感謝するものである。最後に、各章の初出は次のとおりであるが、それぞれ大きく手を加えた。

第一章―五章は書き下ろし。

第六章　「化政期金沢の食文化――『鶴村日記』を読む」種智院大学研究紀要第四号、八七―一〇二頁（二〇〇三）。

第七章　「津軽の酒屋――凶作下の酒づくり」種智院大学研究紀要第五号、三七―五〇頁（二〇〇四）、「東北畑作地帯の酒造業」種智院大学研究紀要第八号、一―一〇頁（二〇〇七）に加筆。

第八章　書き下ろし。

著者略歴

吉田　元（よしだ・はじめ）

1947年京都市生まれ。京都大学農学部卒業。農学博士（京都大学）。種智院大学教授を経て，現在同大学名誉教授。専門は発酵醸造学，日本科学技術史，食文化史。

著書に『日本の食と酒――中世末の発酵技術を中心に』（人文書院，1991年。2014年に講談社より再刊），『江戸の酒――その技術・経済・文化』（朝日新聞社，1997年），『近代日本の酒づくり――美酒探究の技術史』（岩波書店，2013年），『童蒙酒造記・寒元造様極意伝』（翻刻・解題，農文協，1996年）などがある。

ものと人間の文化史　172・酒

2015年 8 月10日　初版第 1 刷発行

著　者　©吉　田　　　元

発行所　一般財団法人　法政大学出版局

〒102-0071　東京都千代田区富士見2-17-1
電話03（5214）5540／振替00160-6-95814
印刷／三和印刷　製本／誠製本

Printed in Japan

ISBN978-4-588-21721-0

ものと人間の文化史

★第9回梓会出版文化賞受賞

人間が〈もの〉とのかかわりを通じて営々と築いてきた暮らしの足跡を具体的に辿りつつ文化・文明の基礎を問いなおす。手づくりの〈もの〉の記憶が失われ、〈もの〉離れが進行する危機の時代におくる豊穣な百科叢書。

1 船　須藤利一編

海国日本では古来、漁業・水運・交易はもとより、大陸文化も船によって運ばれた。本書は造船技術、航海の模様の推移を中心に、漂流、船霊信仰、伝説の数々を語る。四六判368頁 '68

2 狩猟　直良信夫

人類の歴史は狩猟から始まった。本書は、わが国の遺跡に出土する獣骨、猟具の実証的考察をおこないながら、狩猟をつうじて発展した人間の知恵と生活の軌跡を辿る。四六判272頁 '68

3 からくり　立川昭二

〈からくり〉は自動機械であり、驚嘆すべき庶民の技術的創意がこめられている。本書は、日本と西洋のからくりを発掘・復元・遍歴し、埋もれた技術の水脈をさぐる。四六判410頁 '69

4 化粧　久下司

美を求める人間の心が生みだした化粧—その手法と道具に語らせた人間の欲望と本性、そして社会関係。歴史を遡り、全国を踏査して書かれた比類ない美と醜の文化史。四六判368頁 '70

5 番匠　大河直躬

番匠はわが国中世の建築工匠。地方・在地を舞台に開花した彼らの造型・装飾・工法等の諸技術、さらに信仰と生活等、職人以前の独自で多彩な工匠的世界を描き出す。四六判288頁 '71

6 結び　額田巌

〈結び〉の発達は人間の叡知の結晶である。本書はその諸形態および技法を作業・装飾・象徴の三つの系譜に辿り、〈結び〉のすべてを民俗学的・人類学的に考察する。四六判264頁 '72

7 塩　平島裕正

人類史に貴重な役割を果たしてきた塩をめぐって、発見から伝承・製造技術の発展過程にいたる総体を歴史的に描き出すとともに、その多彩な効用と味覚の秘密を解く。四六判272頁 '73

8 はきもの　潮田鉄雄

田下駄・かんじき・わらじなど、日本人の生活の礎となってきた伝統的はきものの成り立ちと変遷を、二〇年余の実地調査と細密な観察・描写によって辿る庶民生活史　四六判280頁 '73

9 城　井上宗和

古代城塞・城柵から近世代名の居城として集大成されるまでの日本の城の変遷を辿り、文化の各領野で果たしてきたその役割を再検討。あわせて世界城郭史に位置づける。四六判310頁 '73

10 竹　室井綽

食生活、建築、民芸、造園、信仰等々にわたって、竹と人間との交流史は驚くほど深く永い。その多岐にわたる発展の過程を個々に辿り、竹の特異な性格を浮彫にする。四六判324頁 '73

11 海藻　宮下章

古来日本人にとって生活必需品とされてきた海藻をめぐって、その採取・加工法の変遷、商品としての流通史および神事・祭事での役割に至るまでを歴史的に考証する。四六判330頁 '74

12 絵馬　岩井宏實

古くは祭礼における神への献馬にはじまり、民間信仰と絵画のみごとな結晶として民衆の手で描かれ祀り伝えられてきた各地の絵馬を豊富な写真と史料によってたどる。四六判３０２頁　'74

13 機械　吉田光邦

畜力・水力・風力などの自然のエネルギーを利用し、幾多の改良を経て形成された初期の機械の歩みを検証し、日本文化の形成における科学・技術の役割を再検討する。四六判２４２頁　'74

14 狩猟伝承　千葉徳爾

狩猟には古来、感謝と慰霊の祭祀がともない、人獣交渉の豊かで意味深い歴史があった。狩猟用具、巻物、儀式具、またけものたちの生態を通して語る狩猟文化の世界。四六判３４６頁　'75

15 石垣　田淵実夫

採石から運搬、加工、石積みに至るまで、石垣の造成をめぐって積み重ねられてきた石工たちの苦闘の足跡を掘り起こし、その独自な技術の形成過程と伝承を集成する。四六判２２４頁　'75

16 松　高嶋雄三郎

日本人の精神史に深く根をおろした松の伝承に光を当て、食用、薬用等の実用の松、祭祀・観賞用の松、さらに文学・芸能・美術に表現された松のシンボリズムを説く。四六判３４２頁　'75

17 釣針　直良信夫

人と魚との出会いから現在に至るまで、釣針がたどった一万有余年の変遷を、世界各地の遺跡出土物を通して実証しつつ、漁撈によって生きた人々の生活と文化を探る。四六判２７８頁　'76

18 鋸　吉川金次

鋸鍛冶の家に生まれ、鋸の研究を生涯の課題とする著者が、出土遺品や文献・絵画により各時代の鋸を復元・実験し、庶民の手仕事にみられる驚くべき合理性を実証する。四六判３６０頁　'76

19 農具　飯沼二郎／堀尾尚志

鍬と犂の交代・進化の歩みとして発達したわが国農耕文化の発展経過を世界史的視野において再検討しつつ、無名の農民たちによる驚くべき創意のかずかずを記録する。四六判２２０頁　'76

20 包み　額田巌

結びとともに文化の起源にかかわる〈包み〉の系譜を人類史的視野において捉え、衣・食・住をはじめ社会・経済史、信仰、祭事などにおけるその実際と役割とを描く。四六判３５４頁　'77

21 蓮　阪本祐二

仏教における蓮の象徴的位置の成立と深化、美術・文芸等に見る人間とのかかわりを歴史的に考察。また大賀蓮はじめ多様な品種とその来歴を紹介しつつその美を語る。四六判３０６頁　'77

22 ものさし　小泉袈裟勝

ものをつくる人間にとって最も基本的な道具であり、数千年にわたって社会生活を律してきたその変遷を実証的に追求し、歴史の中で果たしてきた役割を浮彫りにする。四六判３１４頁　'77

23-Ⅰ 将棋Ⅰ　増川宏一

その起源を古代インドに、我国への伝播の道すじを海のシルクロードに探り、また伝来後一千年におよぶ日本将棋の変化と発展を盤、駒、ルール等にわたって跡づける。四六判２８０頁　'77

23-Ⅱ 将棋Ⅱ 増川宏一

わが国伝来後の普及と変遷を貴族や武家・豪商の日記等に博捜し、遊戯者の歴史をあとづけると共に、中国伝来説の誤りを正し、将棋宗家の位置と役割を明らかにする。 四六判346頁 '85

24 湿原祭祀 第2版 金井典美

古代日本の自然環境に着目し、各地の湿原聖地を稲作社会との関連において捉え直して古代国家成立の背景を浮彫にしつつ、水と植物にまつわる日本人の宇宙観を探る。 四六判410頁 '77

25 臼 三輪茂雄

臼が人類の生活文化の中で果たしてきた役割を、各地に遺る貴重な民俗資料・伝承と実地調査にもとづいて解明。失われゆく道具のなかに、未来の生活文化の姿を探る。 四六判412頁 '78

26 河原巻物 盛田嘉徳

中世末期以来の被差別部落民が生きる権利を守るために偽作し護り伝えてきた河原巻物を全国にわたって踏査し、そこに秘められた最底辺の人びとの叫びに耳を傾ける。 四六判226頁 '78

27 香料 日本のにおい 山田憲太郎

焼香供養の香から趣味としての薫物へ、さらに沈香木を焚く香道へと変遷した日本の「匂い」の歴史を豊富な史料に基づいて辿り、我国風俗史の知られざる側面を描く。 四六判370頁 '78

28 神像 神々の心と形 景山春樹

神仏習合によって変貌しつつも、常にその原型=自然を保持してきた日本の神々の造型を図像学的方法によって捉え直し、その多彩な形象に日本人の精神構造をさぐる。 四六判342頁 '78

29 盤上遊戯 増川宏一

祭具・占具としての発生を『死者の書』をはじめとする古代の文献にさぐり、形状・遊戯法を分類しつつその〈進化〉の過程を考察。〈遊戯者たちの歴史〉をも跡づける。 四六判326頁 '78

30 筆 田淵実夫

筆の里・熊野に筆づくりの現場を訪ねて、筆匠たちの境涯と製筆の由来を克明に記録しつつ、筆の発生と変遷、種類、製筆法、さらには筆塚、筆供養にまで説きおよぶ。 四六判204頁 '78

31 ろくろ 橋本鉄男

日本の山野を漂移しつづけ、高度の技術文化と幾多の伝説とをもたらした特異な旅職集団=木地屋の生態を、その呼称、地名、伝承、文書等をもとに生き生きと描く。 四六判460頁 '79

32 蛇 吉野裕子

日本古代信仰の根幹をなす蛇巫をめぐって、祭事におけるさまざまな蛇の「もどき」や各種の蛇の造型・伝承に鋭い考証を加え、忘れられたその呪性を大胆に暴き出す。 四六判250頁 '79

33 鋏（はさみ） 岡本誠之

梃子の原理の発見から鋏の誕生に至る過程を推理し、日本鋏の特異な歴史的位置を明らかにするとともに、刀鍛冶等から転進した鋏職人たちの創意と苦闘の跡をたどる。 四六判396頁 '79

34 猿 廣瀬鎮

嫌悪と愛玩、軽蔑と畏敬の交錯する日本人とサルとの関わりあいの歴史を、狩猟伝承や祭祀・風習、美術・工芸や芸能のなかに探り、日本人の動物観を浮彫りにする。 四六判292頁 '79

35 鮫 矢野憲一

神話の時代から今日まで、津々浦々につたわるサメの伝承とサメをめぐる海の民俗を集成し、神饌、食用、薬用等に活用されてきたサメと人間のかかわりの変遷を描く。四六判２９２頁 '79

36 枡 小泉袈裟勝

米の経済の枢要をなす器として千年余にわたり日本人の生活の中に生きてきた枡の変遷をたどり、記録・伝承をもとにこの独特な計量器が果たした役割を再検討する。四六判３２２頁 '80

37 経木 田中信清

食品の包装材料として近年まで身近に存在した経木の起源を、こけら経や塔婆、木簡、屋根板等に遡って明らかにし、その製造・流通に携った人々の労苦の足跡を辿る。四六判２８８頁 '80

38 色 染と色彩 前田雨城

わが国古代の染色技術の復元と文献解読をもとに日本色彩史を体系づけ、赤・白・青・黒等におけるわが国独自の色彩感覚を探りつつ日本文化における色の構造を解明。四六判３２０頁 '80

39 狐 陰陽五行と稲荷信仰 吉野裕子

その伝承と文献を渉猟しつつ、中国古代哲学＝陰陽五行の原理の応用という独自の視点から、謎とされてきた稲荷信仰と狐との密接な結びつきを明快に解き明かす。四六判２３２頁 '80

40-I 賭博I 増川宏一

時代、地域、階層を超えて連綿と行なわれてきた賭博。――その起源を古代の神判、スポーツ、遊戯等の中に探り、抑圧と許容の歴史を物語る。全III分冊の〈総説篇〉。四六判２９８頁 '80

40-II 賭博II 増川宏一

古代インド文学の世界からラスベガスまで、賭博の形態・用具・方法の時代的特質を明らかにし、夥しい禁令に賭博の不滅のエネルギーを見る。全III分冊の〈外国篇〉。四六判４５６頁 '82

40-III 賭博III 増川宏一

聞香、闘茶、笠附等、わが国独特の賭博を中心にその具体例を網羅し、方法の変遷に賭博の時代性を探りつつ禁令の改廃に時代の賭博観を追う。全III分冊の〈日本篇〉。四六判３８８頁 '83

41-I 地方仏I むしゃこうじ・みのる

古代から中世にかけて全国各地で作られた無銘の仏像を訪ね、素朴で多様なノミの跡に民衆の祈りと地域の願望を探る。宗教の伝播、文化の創造を考える異色の紀行。四六判２５６頁 '80

41-II 地方仏II むしゃこうじ・みのる

紀州や飛騨を中心に草の根の仏たちを訪ねて、その相好と像容の魅力を探り、技法を比較考証して仏像彫刻史に位置づけつつ、中世地域社会の形成と信仰の実態に迫る。四六判２６０頁 '97

42 南部絵暦 岡田芳朗

田山・盛岡地方で「盲暦」として古くから親しまれてきた独得の絵解き暦を詳しく紹介しつつその全体像を復元する。その無類の生活暦は、南部農民の哀歓をつたえる。四六判２８８頁 '80

43 野菜 在来品種の系譜 青葉高

蕪、大根、茄子等の日本在来野菜をめぐって、その渡来・伝播経路、品種分布と栽培のいきさつを各地の伝承や古記録をもとに辿り、畑作文化の源流とその風土を描く。四六判３６８頁 '81

44 つぶて 中沢厚

弥生投弾、古代・中世の石戦と印地の様相、投石具の発達を展望しつつ、願かけの小石、正月つぶて、石こづみ等の習俗を辿り、石塊に託した民衆の願いや怒りを探る。四六判３３８頁 '81

45 壁 山田幸一

弥生時代から明治期に至るわが国の壁の変遷を壁塗＝左官工事の側面から辿り直し、その技術的復元・考証を通じて建築史・文化史における壁の役割を浮き彫りにする。四六判２９６頁 '81

46 簞笥（たんす） 小泉和子

近世における簞笥の出現＝箱から抽斗への転換に着目し、以降近現代に至るその変遷を社会・経済・技術の側面からあとづける。著者自身による簞笥製作の記録を付す。四六判３７８頁 '82

47 木の実 松山利夫

山村の重要な食糧資源であった木の実をめぐる各地の記録・伝承を集成し、その採集・加工における幾多の試みを実地に検証しつつ、稲作農耕以前の食生活文化を復元。四六判３８４頁 '82

48 秤（はかり） 小泉袈裟勝

秤の起源を東西に探るとともに、わが国律令制下における中国制度の導入、近世商品経済の発展に伴う秤座の出現、明治期近代化政策による洋式秤受容等の経緯を描く。四六判３２６頁 '82

49 鶏（にわとり） 山口健児

神話・伝説をはじめ遠い歴史の中の鶏を古今東西の伝承・文献に探り、特に我国の信仰・絵画・文学等に遺された鶏の足跡を追って、鶏をめぐる民俗の記憶を蘇らせる。四六判３４６頁 '83

50 燈用植物 深津正

人類が燈火を得るために用いてきた多種多様な植物との出会いと個々の植物の来歴、特性及びはたらきを詳しく検証しつつ「あかり」の原点を問いなおす異色の植物誌。四六判４４２頁 '83

51 斧・鑿・鉋（おの・のみ・かんな） 吉川金次

古墳出土品や文献・絵画をもとに、古代から現代までの斧・鑿・鉋を復元・実験し、労働体験によって生まれた民衆の知恵と道具の変遷を蘇らせる異色の日本木工具史。四六判３０４頁 '84

52 垣根 額田巌

大和・山辺の道に神々と垣との関わりを探り、各地に垣の伝承を訪ねて、寺院の垣、民家の垣、露地の垣など、風土と生活に培われた生垣の独特のはたらきと美を描く。四六判２３４頁 '84

53-Ⅰ 森林Ⅰ 四手井綱英

森林生態学の立場から、森林のなりたちとその生活史を辿りつつ、産業の発展と消費社会の拡大により刻々と変貌する森林の現状を語り、未来への再生のみちをさぐる。四六判３０６頁 '85

53-Ⅱ 森林Ⅱ 四手井綱英

森林と人間との多様なかかわりを包括的に語り、人と自然が共生するための森や里山をいかにして創出するか、森林再生への具体的な方策を提示する21世紀への提言。四六判３０８頁 '98

53-Ⅲ 森林Ⅲ 四手井綱英

地球規模で進行しつつある森林破壊の現状を実地に踏査し、森と人が共存する日本人の伝統的自然観を未来へ伝えるために、いま何が必要なのかを具体的に提言する。四六判３０４頁 '00

54 **海老**（えび） 酒向昇

人類との出会いからエビの科学、漁法、さらには調理法を語り、めでたい姿態と色彩にまつわる多彩なエビの民俗を、地名や人名、詩歌・文学、絵画や芸能の中に探る。四六判428頁 '85

55-Ⅰ **藁**（わら）Ⅰ 宮崎清

稲作農耕とともに二千年余の歴史をもち、日本人の全生活領域に生きてきた藁の文化を日本文化の原型として捉え、風土に根ざしたそのゆたかな遺産を詳細に検討する。四六判400頁 '85

55-Ⅱ **藁**（わら）Ⅱ 宮崎清

床・畳から壁・屋根にいたる住居における藁の製作・使用のメカニズムを明らかにし、日本人の生活空間における藁の役割を見なおすとともに、藁の文化の復権を説く。四六判400頁 '85

56 **鮎** 松井魁

清楚な姿態と独特な味覚によって、日本人の目と舌を魅了しつづけてきたアユ——その形態と分布、生態、漁法等を詳述し、古今のアユ料理や文芸にみるアユにおよぶ。四六判296頁 '86

57 **ひも** 額田巌

物と物、人と物とを結びつける不思議な力を秘めた「ひも」の謎を追って、民俗学的視点から多角的なアプローチを試みる。『結び』、『包み』につづく三部作の完結篇。四六判250頁 '86

58 **石垣普請** 北垣聰一郎

近世石垣の技術者集団「穴太」の足跡を辿り、各地城郭の石垣遺構の実地調査と資料・文献をもとに石垣普請の歴史的系譜を復元しつつ石工たちの技術伝承を集成する。四六判438頁 '87

59 **碁** 増川宏一

その起源を古代の盤上遊戯に探ると共に、定着以来二千年の歴史を時代の状況や遊び手の社会環境との関わりにおいて跡づける。逸話や伝説を排して綴る初の囲碁全史。四六判366頁 '87

60 **日和山**（ひよりやま） 南波松太郎

千石船の時代、航海の安全のために観天望気した日和山——多くは忘れられ、あるいは失われた船舶・航海史の貴重な遺跡を追って、全国津々浦々におよんだ調査紀行。四六判382頁 '88

61 **篩**（ふるい） 三輪茂雄

臼とともに人類の生産活動に不可欠な道具であった篩、箕(み)、笊(ざる)の多彩な変遷を豊富な図解入りでたどり、現代技術の先端に再生するまでの歩みをえがく。四六判334頁 '89

62 **鮑**（あわび） 矢野憲一

縄文時代以来、貝肉の美味と貝殻の美しさによって日本人を魅了し続けてきたアワビ——その生態と養殖、神饌としての歴史、漁法、螺鈿の技法からアワビ料理に及ぶ。四六判344頁 '89

63 **絵師** むしゃこうじ・みのる

日本古代の渡来画工から江戸前期の菱川師宣まで、時代の代表的絵師の列伝で辿る絵画制作の文化史。前近代社会における絵画の意味や芸術創造の社会的条件を考える。四六判230頁 '90

64 **蛙**（かえる） 碓井益雄

動物学の立場からその特異な生態を描き出すとともに、和漢洋の文献資料を駆使して故事・習俗・神事・民話・文芸・美術工芸にわたる蛙の多彩な活躍ぶりを活写する。四六判382頁 '89

65–Ⅰ　藍（あい）Ⅰ　風土が生んだ色　竹内淳子

全国各地の〈藍の里〉を訪ねて、藍栽培から染色・加工のすべてにわたり、藍とともに生きた人々の伝承を克明に描き、風土と人間が生んだ〈日本の色〉の秘密を探る。四六判416頁　'91

65–Ⅱ　藍（あい）Ⅱ　暮らしが育てた色　竹内淳子

日本の風土に生まれ、伝統に育てられた藍が、今なお暮らしの中で生き生きと活躍しているさまを、手わざに生きる人々との出会いを通じて描く。藍の里紀行の続篇。　四六判406頁　'99

66　橋　小山田了三

丸木橋・舟橋・吊橋から板橋・アーチ型石橋まで、人々に親しまれてきた各地の橋を訪ねて、その来歴と築橋の技術伝承を辿り、土木文化の伝播・交流の足跡をえがく。　四六判312頁　'91

67　箱　宮内悊

日本の伝統的な箱（櫃）と西欧のチェストを比較文化史の視点から考察し、居住・収納・運搬・装飾の各分野における箱の重要な役割とその多彩な文化を浮彫りにする。　四六判390頁　'91

68–Ⅰ　絹Ⅰ　伊藤智夫

養蚕の起源を神話や説話に探り、伝来の時期とルートを跡づけ、記紀・万葉の時代から近世に至るまで、それぞれの時代・社会・階層が生み出した絹の文化を描き出す。　四六判304頁　'92

68–Ⅱ　絹Ⅱ　伊藤智夫

生糸と絹織物の生産と輸出が、わが国の近代化にはたした役割を描くと共に、養蚕の道具、信仰や庶民生活にわたる養蚕と絹の民俗、さらには蚕の種類と生態におよぶ。　四六判294頁　'92

69　鯛（たい）　鈴木克美

古来「魚の王」とされてきた鯛をめぐって、その生態・味覚から漁法、祭り、工芸、文芸にわたる多彩な伝承文化を語りつつ、鯛と日本人とのかかわりの原点をさぐる。　四六判418頁　'92

70　さいころ　増川宏一

古代神話の世界から近現代の博徒の動向まで、さいころの役割を各時代・社会に位置づけ、木の実や貝殻のさいころから投げ棒型や立方体のさいころへの変遷をたどる。　四六判374頁　'92

71　木炭　樋口清之

炭の起源から炭焼、流通、経済、文化にわたる木炭の歩みを歴史・考古・民俗の知見を総合して描き出し、独自で多彩な文化を育んできた木炭の尽きせぬ魅力を語る。　四六判296頁　'93

72　鍋・釜（なべ・かま）　朝岡康二

日本をはじめ韓国、中国、インドネシアなど東アジアの各地を歩きながら鍋・釜の製作と使用の現場に立ち会い、調理をめぐる庶民生活の変遷とその交流の足跡を探る。　四六判326頁　'93

73　海女（あま）　田辺悟

その漁の実際と社会組織、風習、信仰、民具などを克明に描くとともに海女の起源・分布・交流を探り、わが国漁撈文化の古層としての海女の生活と文化をあとづける。　四六判294頁　'93

74　蛸（たこ）　刀禰勇太郎

蛸をめぐる信仰や多彩な民間伝承を紹介するとともに、その生態・分布・捕獲法・繁殖と保護・調理法などを集成し、日本人と蛸との知られざるかかわりの歴史を探る。　四六判370頁　'94

75 曲物（まげもの） 岩井宏實

桶・樽出現以前から伝承され、古来最も簡便・重宝な木製容器として愛用された曲物の加工技術と機能・利用形態の変遷をさぐり、手づくりの「木の文化」を見なおす。四六判318頁 '94

76-I 和船I 石井謙治

江戸時代の海運を担った千石船（弁才船）について、その構造と技術、帆走性能を綿密に調査し、通説の誤りを正すとともに、海難と信仰、船絵馬等の考察にもおよぶ。四六判436頁 '95

76-II 和船II 石井謙治

造船史から見た著名な船を紹介し、遣唐使船や遣欧使節船、幕末の洋式船における外国技術の導入について論じつつ、船の名称と船型を海船・川船にわたって解説する。四六判316頁 '95

77-I 反射炉I 金子功

日本初の佐賀鍋島藩の反射炉と精練方＝理化学研究所、島津藩の反射炉と集成館＝近代工場群を軸に、日本の産業革命の時代における人と技術を現地に訪ねて発掘する。四六判244頁 '95

77-II 反射炉II 金子功

伊豆韮山の反射炉をはじめ、全国各地の反射炉建設にかかわった有名無名の人々の足跡をたどり、開国か攘夷かに揺れる幕末の政治と社会の悲喜劇をも生き生きと描く。四六判226頁 '95

78-I 草木布（そうもくふ）I 竹内淳子

風土に育まれた布を求めて全国各地を歩き、木綿普及以前に山野の草木を利用して豊かな衣生活文化を築き上げてきた庶民の知られざる知恵のかずかずを実地にさぐる。四六判282頁 '95

78-II 草木布（そうもくふ）II 竹内淳子

アサ、クズ、シナ、コウゾ、カラムシ、フジなどの草木の繊維から、どのようにして糸を採り、布を織っていたのか——聞書きをもとに忘れられた技術と文化を発掘する。四六判282頁 '95

79-I すごろくI 増川宏一

古代エジプトのセネト、ヨーロッパのバクギャモン、中近東のナルド、中国の双陸などの系譜に日本の盤雙六を位置づけ、遊戯・賭博としてのその数奇なる運命を辿る。四六判312頁 '95

79-II すごろくII 増川宏一

ヨーロッパの鵞鳥のゲームから日本中世の浄土双六、近世の華麗な絵双六、さらには近現代の少年誌の附録まで、絵双六の変遷を追って時代の社会・文化を読みとる。四六判390頁 '95

80 パン 安達巖

古代オリエントに起ったパン食文化が中国・朝鮮を経て弥生時代の日本に伝えられたことを史料と伝承をもとに解明し、わが国パン食文化二〇〇〇年の足跡を描き出す。四六判260頁 '96

81 枕（まくら） 矢野憲一

神さまの枕・大嘗祭の枕から枕絵の世界まで、人生の三分の一を共に過す枕をめぐって、その材質の変遷を辿り、伝説と怪談、俗信と民俗、エピソードを興味深く語る。四六判252頁 '96

82-I 桶・樽（おけ・たる）I 石村真一

日本、中国、朝鮮、ヨーロッパにわたる厖大な資料を集成してその豊かな文化の系譜を探り、東西の木工技術史を比較しつつ世界史的視野から桶・樽の文化を描き出す。四六判388頁 '97

82-Ⅱ **桶・樽**（おけ・たる）Ⅱ　石村真一

多数の調査資料と絵画・民俗資料をもとにその製作技術を復元し、東西の木工技術を比較考証しつつ、技術文化史の視点から桶・樽製作の実態とその変遷を跡づける。　四六判372頁　'97

82-Ⅲ **桶・樽**（おけ・たる）Ⅲ　石村真一

樹木と人間とのかかわり、製作者と消費者とのかかわりを通じて桶樽と生活文化の変遷を考察し、木材資源の有効利用という視点から桶樽の文化史的役割を浮彫にする。　四六判352頁　'97

83-Ⅰ **貝Ⅰ**　白井祥平

世界各地の現地調査と文献資料を駆使して、古来至高の財宝とされてきた宝貝のルーツとその変遷を探り、貝と人間とのかかわりの歴史を「貝貨」の文化史として描く。　四六判386頁　'97

83-Ⅱ **貝Ⅱ**　白井祥平

サザエ、アワビ、イモガイなど古来人類とかかわりの深い貝をめぐって、その生態・分布・地方名、装身具や貝貨としての利用法などを豊富なエピソードを交えて語る。　四六判328頁　'97

83-Ⅲ **貝Ⅲ**　白井祥平

シンジュガイ、ハマグリ、アカガイ、シャコガイなどをめぐって世界各地の民族誌を渉猟し、それらが人類文化に残した足跡を辿る。参考文献一覧／総索引を付す。　四六判392頁　'97

84 **松茸**（まつたけ）　有岡利幸

秋の味覚として古来珍重されてきた松茸の由来を求めて、稲作文化と里山（松林）の生態系から説きおこし、日本人の伝統的生活文化の中に松茸流行の秘密をさぐる。　四六判296頁　'97

85 **野鍛冶**（のかじ）　朝岡康二

鉄製農具の製作・修理・再生を担ってきた農鍛冶の歴史的役割を探り、近代化の大波の中で変貌する職人技術の実態をアジア各地のフィールドワークを通して描き出す。　四六判280頁　'98

86 **稲**　品種改良の系譜　菅　洋

作物としての稲の誕生、稲の渡来と伝播の経緯から説きおこし、明治以降主として庄内地方の民間育種家の手によって飛躍的発展をとげたわが国品種改良の歩みを描く。　四六判332頁　'98

87 **橘**（たちばな）　吉武利文

永遠のかぐわしい果実として日本の神話・伝説に特別の位置を占めて語り継がれてきた橘をめぐって、その育まれた風土とかずかずの伝承の中に日本文化の特質を探る。　四六判286頁　'98

88 **杖**（つえ）　矢野憲一

神の依代としての杖や仏教の錫杖に杖と信仰とのかかわりを探り、人類が突きつつ歩んだその歴史と民俗を興味ぶかく語る。多彩な材質と用途を網羅した杖の博物誌。　四六判314頁　'98

89 **もち**（糯・餅）　渡部忠世／深澤小百合

モチイネの栽培・育種から食品加工、民俗、儀礼にわたってそのルーツと伝承の足跡をたどり、アジア稲作文化という広範な視野からこの特異な食文化の謎を解明する。　四六判330頁　'98

90 **さつまいも**　坂井健吉

その栽培の起源と伝播経路を跡づけるとともに、わが国伝来後四百年の経緯を詳細にたどり、世界に冠たる育種と栽培・利用法を築いた人々の知られざる足跡をえがく。　四六判328頁　'99

91 珊瑚（さんご） 鈴木克美
海岸の自然保護に重要な役割を果たす岩石サンゴから宝飾品として知られる宝石サンゴまで、人間生活と深くかかわってきたサンゴの多彩な姿を人類文化史として描く。 四六判370頁 '99

92-Ⅰ 梅Ⅰ 有岡利幸
万葉集、源氏物語、五山文学などの古典や天神信仰に表れた梅の足跡を克明に辿りつつ日本人の精神史に刻印された梅を浮彫にし、梅と日本人の二〇〇〇年史を描く。 四六判274頁 '99

92-Ⅱ 梅Ⅱ 有岡利幸
その植生と栽培、伝承、梅の名所や鑑賞法の変遷から戦前の国定教科書に表れた梅まで、梅と日本人との多彩なかかわりを探り、桜との対比において梅の文化史を描く。 四六判338頁 '99

93 木綿口伝（もめんくでん） 第2版 福井貞子
老女たちからの聞書を経糸とし、厖大な遺品・資料を緯糸として、母から娘へと幾代にも伝えられた手づくりの木綿文化を掘り起し、近代の木綿の盛衰を描く。増補版 四六判336頁 '00

94 合せもの 増川宏一
「合せる」には古来、一致させるの他に、競う、闘う、比べる等の意味があった。貝合せや絵合せ等の遊戯・賭博を中心に、広範な人間の営みを「合せる」行為に辿る。 四六判300頁 '00

95 野良着（のらぎ） 福井貞子
明治初期から昭和四〇年までの野良着を収集・分類・整理し、それらの用途と年代、形態、材質、重量、呼称などを精査して、働く庶民の創意にみちた生活史を描く。 四六判292頁 '00

96 食具（しょくぐ） 山内昶
東西の食文化に関する資料を渉猟し、食法の違いを人間の自然に対するかかわり方の違いとして捉えつつ、食具を人間と自然をつなぐ基本的な媒介物として位置づける。 四六判292頁 '00

97 鰹節（かつおぶし） 宮下章
黒潮からの贈り物・カツオの漁法から鰹節の製法や食法、商品としての流通までを歴史的に展望するとともに、沖縄やモルジブ諸島の調査をもとにそのルーツを探る。 四六判382頁 '00

98 丸木舟（まるきぶね） 出口晶子
先史時代から現代の高度文明社会まで、もっとも長期にわたり使われてきた刳り舟に焦点を当て、その技術伝承を辿りつつ、森や水辺の文化の広がりと動態をえがく。 四六判324頁 '01

99 梅干（うめぼし） 有岡利幸
日本人の食生活に不可欠の自然食品・梅干をつくりだした先人たちの知恵に学ぶとともに、健康増進に驚くべき薬効を発揮する、その知られざるパワーの秘密を探る。 四六判300頁 '01

100 瓦（かわら） 森郁夫
仏教文化と共に中国・朝鮮から伝来し、一四〇〇年にわたり日本の建築を飾ってきた瓦をめぐって、発掘資料をもとにその製造技術、形態、文様などの変遷をたどる。 四六判320頁 '01

101 植物民俗 長澤武
衣食住から子供の遊びまで、幾世代にも伝承された植物をめぐる暮らしの知恵を克明に記録し、高度経済成長期以前の農山村の豊かな生活文化を愛惜をこめて描き出す。 四六判348頁 '01

102 **箸**（はし） 向井由紀子／橋本慶子

そのルーツを中国、朝鮮半島に探るとともに、日本人の食生活に不可欠の食具となり、日本文化のシンボルとされるまでに洗練された箸の文化の変遷を総合的に描く。 四六判３３４頁 '01

103 **採集** ブナ林の恵み 赤羽正春

縄文時代から今日に至る採集・狩猟民の暮らしを復元し、動物の生態系と採集生活の関連を明らかにしつつ、民俗学と考古学の両面から山に生かされた人々の姿を描く。 四六判２９８頁 '01

104 **下駄** 神のはきもの 秋田裕毅

古墳や井戸等から出土する下駄に着目し、下駄が地上と地下の他界を結ぶ聖なるはきものであったという大胆な仮説を提出、日本の神々の忘れられた側面を浮彫にする。 四六判３０４頁 '02

105 **絣**（かすり） 福井貞子

膨大な絣遺品を収集・分類し、絣産地を実地に調査して絣の技法と文様の変遷を地域別・時代別に跡づけ、明治・大正・昭和の手づくりの染織文化の盛衰を描き出す。 四六判３１０頁 '02

106 **網**（あみ） 田辺悟

漁網を中心に、網に関する基本資料を網羅して網の変遷と網をめぐる民俗を体系的に描き出し、網の文化を集成する。「網に関する小事典」「網のある博物館」を付す。 四六判３１６頁 '02

107 **蜘蛛**（くも） 斎藤慎一郎

「土蜘蛛」の呼称で畏怖される一方「クモ合戦」など子供の遊びとしても親しまれてきたクモと人間との長い交渉の歴史をその深層に遡って追究した異色のクモ文化論。 四六判３２０頁 '02

108 **襖**（ふすま） むしゃこうじ・みのる

襖の起源と変遷を建築史・絵画史の中に探りつつその用と美を浮彫にし、衝立・障子・屏風等と共に日本建築の空間構成に不可欠の建具となるまでの経緯を描き出す。 四六判２７０頁 '02

109 **漁撈伝承**（ぎょろうでんしょう） 川島秀一

漁師たちからの聞き書きをもとに、寄り物、船霊、大漁旗など、漁撈にまつわる〈もの〉の伝承を集成し、海の道によって運ばれた習俗や信仰の民俗地図を描き出す。 四六判３３４頁 '03

110 **チェス** 増川宏一

世界中に数億人の愛好者を持つチェスの起源と文化を、欧米における膨大な研究の蓄積を渉猟しつつ探り、日本への伝来の経緯から美術工芸品としてのチェスにおよぶ。 四六判２９８頁 '03

111 **海苔**（のり） 宮下章

海苔の歴史は厳しい自然とのたたかいの歴史だった――採取から養殖、加工、流通、消費に至る先人たちの苦難の歩みを史料と実地調査によって浮彫にする食物文化史。 四六判１７２頁 '03

112 **屋根** 檜皮葺と柿葺 原田多加司

屋根葺師一〇代の著者が、自らの体験と職人の本懐を語り、連綿として受け継がれてきた伝統の手わざを体系的にたどりつつ伝統技術の保存と継承の必要性を訴える。 四六判３４０頁 '03

113 **水族館** 鈴木克美

初期水族館の歩みを創始者たちの足跡を通して辿りなおし、水族館をめぐる社会の発展と風俗の変遷を描き出すとともにその未来像をさぐる初の〈日本水族館史〉の試み。 四六判２９０頁 '03

114 古着（ふるぎ） 朝岡康二

仕立てと着方、管理と保存、再生と再利用等にわたり衣生活の変容を近代の日常生活の変化として捉え直し、衣服をめぐるリサイクル文化が形成される経緯を描き出す。四六判２９２頁 '03

115 柿渋（かきしぶ） 今井敬潤

染料・塗料をはじめ生活百般の必需品であった柿渋の伝承を記録し、文献資料をもとにその製造技術と利用の実態を明らかにして、忘れられた豊かな生活技術を見直す。四六判２９４頁 '03

116-Ⅰ 道Ⅰ 武部健一

道の歴史を先史時代から説き起こし、古代律令制国家の要請によって駅路が設けられ、しだいに幹線道路として整えられてゆく経緯を技術史・社会史の両面からえがく。四六判２４８頁 '03

116-Ⅱ 道Ⅱ 武部健一

中世の鎌倉街道、近世の五街道、近代の開拓道路から現代の高速道路網までを通観し、道路を拓いた人々の手によって今日の交通ネットワークが形成された歴史を語る。四六判２８０頁 '03

117 かまど 狩野敏次

日常の煮炊きの道具であるとともに祭りと信仰に重要な位置を占めてきたカマドをめぐる忘れられた伝承を掘り起こし、民俗空間の壮大なコスモロジーを浮彫りにする。四六判２９２頁 '04

118-Ⅰ 里山Ⅰ 有岡利幸

縄文時代から近世までの里山の変遷を人々の暮らしと植生の変化の両面から跡づけ、その源流を記紀万葉に描かれた里山の景観や大和・三輪山の古記録・伝承等に探る。四六判２７６頁 '04

118-Ⅱ 里山Ⅱ 有岡利幸

明治の地租改正による山林の混乱、相次ぐ戦争による山野の荒廃、エネルギー革命、高度成長による大規模開発など、近代化の荒波に翻弄される里山の見直しを説く。四六判２７４頁 '04

119 有用植物 菅 洋

人間生活に不可欠のものとして利用されてきた身近な植物たちの来歴と栽培・育種・品種改良・伝播の経緯を平易に語り、植物と共に歩んだ文明の足跡を浮彫にする。四六判３２４頁 '04

120-Ⅰ 捕鯨Ⅰ 山下渉登

世界の海で展開された鯨と人間との格闘の歴史を振り返り、「大航海時代」の副産物として開始された捕鯨業の誕生以来四〇〇年にわたる盛衰の社会的背景をさぐる。四六判３１４頁 '04

120-Ⅱ 捕鯨Ⅱ 山下渉登

近代捕鯨の登場により鯨資源の激減を招き、捕鯨の規制・管理のための国際条約締結に至る経緯をたどり、グローバルな課題としての自然環境問題を浮き彫りにする。四六判３１２頁 '04

121 紅花（べにばな） 竹内淳子

栽培、加工、流通、利用の実際を現地に探訪して紅花とかかわってきた人々からの聞き書きを集成し、忘れられた〈紅花文化〉を復元しつつその豊かな味わいを見直す。四六判３４６頁 '04

122-Ⅰ もののけⅠ 山内昶

日本の妖怪変化、未開社会の〈マナ〉、西欧の悪魔やデーモンを比較考察し、名づけ得ぬ未知の対象を指す万能のゼロ記号〈もの〉をめぐる人類文化史を跡づける博物誌。四六判３２０頁 '04

122-II ものの け II 山内昶

日本の鬼、古代ギリシアのダイモン、中世の異端狩り・魔女狩り等々をめぐり、自然＝カオスと文化＝コスモスの対立の中で〈野生の思考〉が果たしてきた役割をさぐる。四六判２８０頁 '04

123 染織（そめおり） 福井貞子

自らの体験と厖大な残存資料をもとに、糸づくりから織り、染めにわたる手づくりの豊かな生活文化を見直す。創意にみちた手わざのかずかずを復元する庶民生活誌。四六判２９４頁 '05

124-I 動物民俗 I 長澤武

神として崇められたクマやシカをはじめ、人間にとって不可欠の鳥獣や魚、さらには人間を脅かす動物など、多種多様な動物たちと交流してきた人々の暮らしの民俗誌。四六判２６４頁 '05

124-II 動物民俗 II 長澤武

動物の捕獲法をめぐる各地の伝承を紹介するとともに、全国で語り継がれてきた多彩な動物民話・昔話を渉猟し、暮らしの中で培われた動物フォークロアの世界を描く。四六判２６６頁 '05

125 粉（こな） 三輪茂雄

粉体の研究をライフワークとする著者が、粉食の発見からナノテクノロジーまで、人類文明の歩みを〈粉〉の視点から捉え直した壮大なスケールの〈文明の粉体史観〉 四六判３０２頁 '05

126 亀（かめ） 矢野憲一

浦島伝説や「兎と亀」の昔話によって親しまれてきた亀のイメージの起源を探り、古代の亀卜の方法から、亀にまつわる信仰と迷信、鼈甲細工やスッポン料理におよぶ。四六判３３０頁 '05

127 カツオ漁 川島秀一

一本釣り、カツオ漁場、船上の生活、船霊信仰、祭りと禁忌など、カツオ漁にまつわる漁師たちの伝承を集成し、黒潮に沿って伝えられた漁民たちの文化を掘り起こす。四六判３７０頁 '05

128 裂織（さきおり） 佐藤利夫

木綿の風合いと強靭さを生かした裂織の技と美をすぐれたリサイクル文化として見なおす。東西文化の中継地・佐渡の古老たちからの聞書をもとに歴史と民俗をえがく。四六判３０８頁 '05

129 イチョウ 今野敏雄

「生きた化石」として珍重されてきたイチョウの生い立ちと人々の生活文化とのかかわりの歴史をたどり、この最古の樹木に秘められたパワーを最新の中国文献にさぐる。四六判３１２頁〔品 切〕'05

130 広告 八巻俊雄

のれん、看板、引札からインターネット広告までを通観し、いつの時代にも広告が人々の暮らしと密接にかかわって独自の文化を形成してきた経緯を描く広告の文化史。四六判２７６頁 '06

131-I 漆（うるし） I 四柳嘉章

全国各地で発掘された考古資料を対象に科学的解析を行ない、縄文時代から現代に至る漆の技術と文化を跡づける試み。漆が日本人の生活と精神に与えた影響を探る。四六判２７４頁 '06

131-II 漆（うるし） II 四柳嘉章

遺跡や寺院等に遺る漆器を分析し体系づけるとともに、絵巻物や文学作品の考証を通じて、職人や産地の形成、漆工芸の地場産業としての発展の経緯などを考察する。四六判２１６頁 '06

132 まな板 石村眞一
日本、アジア、ヨーロッパ各地のフィールド調査と考古・文献・絵画・写真資料をもとにまな板の素材・構造・使用法を分類し、多様な食文化とのかかわりをさぐる。 四六判372頁 '06

133-I 鮭・鱒（さけ・ます）I 赤羽正春
鮭・鱒をめぐる民俗研究の前史から現在までを概観するとともに、原初的な漁法から商業的漁法にわたる多彩な漁法と用具、漁場と社会組織の関係などを明らかにする。 四六判292頁 '06

133-II 鮭・鱒（さけ・ます）II 赤羽正春
鮭漁をめぐる行事、鮭捕り衆の生活等を聞き取りによって再現し、人工孵化事業の発展とそれを担った先人たちの業績を明らかにするとともに、鮭・鱒の料理におよぶ。 四六判352頁 '06

134 遊戯 その歴史と研究の歩み 増川宏一
古代から現代まで、日本と世界の遊戯の歴史を概説し、内外の研究者との交流の中で得られた最新の知見をもとに、研究の出発点と目的を論じ、現状と未来を展望する。 四六判296頁 '06

135 石干見（いしひみ） 田和正孝編
沿岸部に石垣を築き、潮汐作用を利用して漁獲する原初的漁法を日・韓・台に残る遺構と伝承の調査・分析をもとに復元し、東アジアの伝統的漁撈文化を浮彫りにする。 四六判332頁 '07

136 看板 岩井宏實
江戸時代から明治・大正・昭和初期までの看板の歴史を生活文化史の視点から考察し、多種多様な生業の起源と変遷を多数の図版をもとに紹介する〈図説商売往来〉。 四六判266頁 '07

137-I 桜I 有岡利幸
そのルーツと生態から説きおこし、和歌や物語に描かれた古代社会の桜観から「花は桜木、人は武士」の江戸の花見の流行まで、日本人と桜のかかわりの歴史をさぐる。 四六判382頁 '07

137-II 桜II 有岡利幸
明治以後、軍国主義と愛国心のシンボルとして政治的に利用されてきた桜の近代史を辿るとともに、日本人の生活と共に歩んだ「咲く花、散る花」の栄枯盛衰を描く。 四六判400頁 '07

138 麴（こうじ） 一島英治
日本の気候風土の中で稲作と共に育まれた麴菌のすぐれたはたらきの秘密を探り、醸造化学に携わった人々の足跡をたどりつつ醱酵食品と日本人の食生活文化を考える。 四六判244頁 '07

139 河岸（かし） 川名登
近世初頭、河川水運の隆盛と共に物流のターミナルとして賑わい、船旅や遊廓などをもたらした河岸（川の港）の盛衰を河岸に生きる人々の暮らしの変遷としてえがく。 四六判300頁 '07

140 神饌（しんせん） 岩井宏實／日和祐樹
土地に古くから伝わる食物を神に捧げる神饌儀礼に祭りの本義を探り、近畿地方主要神社の伝統的儀礼をつぶさに調査して、豊富な写真と共にその実際を明らかにする。 四六判374頁 '07

141 駕籠（かご） 櫻井芳昭
その様式、利用の実態、地域ごとの特色、車の利用を抑制する交通政策との関連から駕籠かきたちの風俗までを明らかにし、日本交通史の知られざる側面に光を当てる。 四六判294頁 '07

142 **追込漁**（おいこみりょう）　川島秀一

沖縄の島々をはじめ，日本各地で今なお行なわれている沿岸漁撈を実地に精査し，魚の生態と自然条件を知り尽した漁師たちの知恵と技を見直しつつ漁業の原点を探る。四六判368頁　'08

143 **人魚**（にんぎょ）　田辺悟

ロマンとファンタジーに彩られて世界各地に伝承される人魚の実像をもとめて東西の人魚誌を渉猟し，フィールド調査と膨大な資料をもとに集成したマーメイド百科。四六判352頁　'08

144 **熊**（くま）　赤羽正春

狩人たちからの聞き書きをもとに，かつては神として崇められた熊と人間との精神史的な関係をさぐり，熊を通して人間の生存可能性にもおよぶユニークな動物文化史。四六判384頁　'08

145 **秋の七草**　有岡利幸

『万葉集』で山上憶良がうたいあげて以来，千数百年にわたり秋を代表する植物として日本人にめでられてきた七種の草花の知られざる伝承を掘り起こす植物文化誌。四六判306頁　'08

146 **春の七草**　有岡利幸

厳しい冬の季節に芽吹く若菜に大地の生命力を感じ，春の到来を祝い新年の息災を願う「七草粥」などとして食生活の中に巧みに取り入れてきた古人たちの知恵を探る。四六判272頁　'08

147 **木綿再生**　福井貞子

自らの人生遍歴と木綿を愛する人々との出会いを織り重ねて綴り，優れた文化遺産としての木綿衣料を紹介しつつ，リサイクル文化としての木綿再生のみちを模索する。四六判266頁　'09

148 **紫**（むらさき）　竹内淳子

今や絶滅危惧種となった紫草（ムラサキ）を育てる人びと，伝統の紫根染を今に伝える人びとを全国にたずね，貝紫染の始原を求めて吉野ヶ里におよぶ「むらさき紀行」。四六判324頁　'09

149-Ⅰ **杉Ⅰ**　有岡利幸

その生態，天然分布の状況から各地における栽培・育種，利用にいたる歩みを弥生時代から今日までの人間の営みの中で捉えなおし，わが国林業史を展望しつつ描き出す。四六判282頁　'10

149-Ⅱ **杉Ⅱ**　有岡利幸

古来神の降臨する木として崇められるとともに生活のさまざまな場面で活用され，絵画や詩歌に描かれてきた杉の文化をたどり，さらに「スギ花粉症」の原因を追究する。四六判278頁　'10

150 **井戸**　秋田裕毅（大橋信弥編）

弥生中期になぜ井戸は突然出現するのか。飲料水など生活用水ではなく，祭祀用の聖なる水を得るためだったのではないか。目的や構造の変遷，宗教との関わりをたどる。四六判260頁　'10

151 **楠**（くすのき）　矢野憲一／矢野高陽

語源と字源，分布と繁殖，文学や美術における楠から医薬品としての利用，キューピー人形や樟脳の船まで，楠と人間の関わりの歴史を辿りつつ自然保護の問題に及ぶ。四六判334頁　'10

152 **温室**　平野恵

温室は明治時代に欧米から輸入された印象があるが，じつは江戸時代半ばから「むろ」という名の保温設備があった。絵巻や小説，遺跡などより浮かび上がる歴史。四六判310頁　'10

153 檜（ひのき） 有岡利幸

建築・木彫・木材工芸に最良の材としてわが国の〈木の文化〉に重要な役割を果たしてきた檜。その生態から保護・育成・生産・流通・加工までの変遷をたどる。 四六判３２０頁 '11

154 落花生 前田和美

南米原産の落花生が大航海時代にアフリカ経由で世界各地に伝播していく歴史をたどるとともに、日本で栽培を始めた先覚者や食文化との関わりを紹介する。 四六判３１２頁 '11

155 イルカ（海豚） 田辺悟

神話・伝説の中のイルカ、イルカをめぐる信仰から、漁撈伝承、食文化の伝統と保護運動の対立までを幅広くとりあげ、ヒトと動物との関係はいかにあるべきかを問う。 四六判３３０頁 '11

156 輿（こし） 櫻井芳昭

古代から明治初期まで、千二百年以上にわたって用いられてきた輿の種類と変遷を探り、天皇の行幸や斎王群行、姫君たちの輿入れにおける使用の実態を明らかにする。 四六判２５２頁 '11

157 桃 有岡利幸

魔除けや若返りの呪力をもつ果実として神話や昔話に語り継がれ、近年古代遺跡から大量出土して祭祀との関連が注目される桃。日本人との多彩な関わりを考察する。 四六判３２８頁 '12

158 鮪（まぐろ） 田辺悟

古文献に描かれ記されたマグロを紹介し、漁法・漁具から運搬と流通・消費、漁民たちの暮らしと民俗・信仰までを探りつつ、マグロをめぐる食文化の未来にもおよぶ。 四六判３５０頁 '12

159 香料植物 吉武利文

クロモジ、ハッカ、ユズ、セキショウ、ショウノウなど、日本の風土で育った植物から香料をつくりだす人びとの営みを現地に訪ね、伝統技術の継承・発展を考える。 四六判２９０頁 '12

160 牛車（ぎっしゃ） 櫻井芳昭

牛車の盛衰を交通史や技術史との関連で探り、絵巻や日記・物語等に描かれた牛車の種類と構造、利用の実態を明らかにして、読者を平安の「雅」の世界へといざなう。 四六判２２４頁 '12

161 白鳥 赤羽正春

世界各地の白鳥処女説話を博捜し、古代以来の人々が抱いた〈鳥への想い〉を明らかにするとともに、その源流を、白鳥をトーテムとする中央シベリアの白鳥族に探る。 四六判３６０頁 '12

162 柳 有岡利幸

日本人との関わりを詩歌や文献をもとに探りつつ、容器や調度品に、治山治水対策に、火薬や薬品の原料に、さらには風景の演出用に活用されてきた歴史をたどる。 四六判３２８頁 '13

163 柱 森郁夫

竪穴住居の時代から建物を支えてきただけでなく、大黒柱や鼻っ柱などさまざまな言葉に使われている柱。遺跡の発掘でわかった事実や、日本文化との関わりを紹介。 四六判２５２頁 '13

164 磯 田辺悟

人間はもとより、動物たちにも多くの恵みをもたらしてきた磯——その豊かな文化をさぐり、東日本大震災以前の三陸沿岸を軸に磯漁の民俗を聞書きによって再現する。 四六判４５０頁 '14

165 **タブノキ** 山形健介

南方から「海上の道」をたどってきた列島文化を象徴する樹木について、中国・台湾・韓国も視野に収めて記録や伝承を掘り起こし、人々の暮らしとの関わりを探る。　四六判３１６頁 '14

166 **栗** 今井敬潤

縄文人が主食とし栽培していた栗。建築や木工の材、鉄道の枕木といった生活に密着した多様な利用法や、品種改良に取り組んだ技術者たちの苦闘の足跡を紹介する。　四六判２７２頁 '14

167 **花札** 江橋崇

法制史から文学作品まで、厖大な文献を渉猟して、その誕生から現在までを辿り、花札をその本来の輝き、自然を敬愛して共存する日本の文化という特性のうちに描く。　四六判３７２頁 '14

168 **椿** 有岡利幸

本草書の刊行や栽培・育種技術の発展によって近世初期に空前の大ブームを巻き起こした椿。多彩な花の紹介をはじめ、椿油や木材の利用、信仰や民俗まで網羅する。　四六判３３６頁 '14

169 **織物** 植村和代

人類が初めて機械で作った製品、織物。機織り技術の変遷を世界史的視野で見直し、古来より日本と東南アジアやインド、ペルシアの交流や伝播があったことを解説。　四六判３４６頁 '14

170 **ごぼう** 冨岡典子

和食に不可欠な野菜ごぼうは、焼畑農耕から生まれ、各地の風土のなか固有の品種や調理法が育まれた。そのルーツを稲作以前の神饌や祭り、儀礼に探る和食文化誌。　四六判２７６頁 '15

171 **鱈**（たら） 赤羽正春

漁場開拓の歴史と漁法の変遷、漁民たちのくらしを跡づけ、戦時の非常食としての役割を明らかにしつつ、「海はどれほどの人を養えるか」についても考える。　四六判３３６頁 '15

172 **酒** 吉田元

酒の誕生から、世界でも珍しい製法が確立しブランド化する近世までの長い歩みをたどる。飢饉や幕府の規制をかいくぐり、いかにその香りと味を生みだしたのか。　四六判２５６頁 '15